新工科建设之路·计算机类规划教材

高级语言程序设计
实训教程

余永红　赵卫滨　蒋　晶　梁雅丽　编著

电子工业出版社
Publishing House of Electronics Industry
北京·BEIJING

内 容 简 介

本书可以帮助读者通过系统的上机实训逐步掌握利用 C 及 C++语言编程的过程和方法,每个实验都详细给出了实验目的、示例程序分析与代码、实验内容等。全书共四部分:第一部分为 C 语言程序设计实训,包括顺序、选择、循环结构实验、函数、数组、指针及文件操作等实验;第二部分为 C++语言程序设计实训,包括 C++类与对象、C++继承与派生、C++函数重载、C++模板编程和 C++输入/输出操作等实验;第三、四部分分别为 C 语言程序设计和 C++语言程序设计模拟试题及参考答案。

本书易教易学,便于学以致用,注重能力培养,对初学者容易混淆的内容进行了重点提示,书中所有实验均通过了上机测试验证。本书既可与电子工业出版社出版的《C 语言程序设计(第 2 版)》(蒋晶 耿海 刘方 余永红 赵卫滨 编著)一书配套使用,又可以独立作为普通高等学校相关专业的"C 语言"或"C++语言"课程的实训教材。

图书在版编目(CIP)数据

高级语言程序设计实训教程 / 余永红等编著. —北京:电子工业出版社,2021.2

ISBN 978-7-121-40662-1

Ⅰ. ①高… Ⅱ. ①余… Ⅲ. ①C 语言-程序设计-高等学校-教材 Ⅳ. ①TP312.8

中国版本图书馆 CIP 数据核字(2021)第 037842 号

责任编辑:杜 军   特约编辑:田学清
印   刷:涿州市京南印刷厂
装   订:涿州市京南印刷厂
出版发行:电子工业出版社
          北京市海淀区万寿路 173 信箱   邮编:100036
开   本:787×1092   1/16   印张:10.5   字数:276 千字
版   次:2021 年 2 月第 1 版
印   次:2021 年 2 月第 1 次印刷
定   价:32.00 元

凡所购买电子工业出版社图书有缺损问题,请向购买书店调换。若书店售缺,请与本社发行部联系,联系及邮购电话:(010)88254888,88258888。
质量投诉请发邮件至 zlts@phei.com.cn,盗版侵权举报请发邮件至 dbqq@phei.com.cn。
本书咨询联系方式:(010)88254556,dujun@phei.com.cn。

前　言

应用型人才培养强调"以实践为手段，以就业为导向，以产学结合为宗旨"，这是高等教育适应社会发展的必然选择。为了提高应用型人才培养的教学质量，提高社会对高等教育的满意度，培养符合社会需求的高素质人才，有必要对课程教学环节中的实验、集中的实践性环节及适应社会认可的评价体系的考试环节进行有针对性的指导。

编写本书的目的就是辅助 C/C++高级语言程序设计的理论教学过程，通过实践操作环节培养读者动手能力。每个实验都详细给出了实验目的、示例程序分析与代码和实验内容等。在每个实验设置中，通过一些实用的示例程序分析与代码实现，引导读者掌握知识点。实验内容是示例程序的深化，并且在现实的软件研发中具有实际用途。通过实验目的、示例程序分析与代码和实验内容，读者能够由浅入深地学习和巩固每个章节的知识点，并且可以培养实际动手能力。另外，辅以适当的模拟试题，方便读者巩固理论知识。

本书包括四部分：第一部分为 C 语言程序设计实训，包括顺序、选择、循环结构实验、函数、数组、指针及文件操作等实验；第二部分为 C++语言程序设计实训，包括 C++类与对象、C++继承与派生、C++函数重载、C++模板编程和 C++输入/输出操作等实验；第三、四部分分别为 C 语言程序设计模拟试题及参考答案和 C++语言程序设计模拟试题及参考答案。

本书一方面是高级语言程序设计的配套教材，另一方面对应用型本科人才的计算机语言能力培养要求给出了教学及指导上的解决方案，强调以培养学生的行为能力为宗旨，使学生在学习和实践过程中掌握程序设计技能、专业知识和工作方法，从而构建属于自己的经验体系和知识体系，以应对实际问题。

编著者长期从事高级语言程序设计的教学和相关的研究工作，积累了丰富的经验，对 C/C++语言编程具有较深的体会和独特的见解，本书内容具有较强的针对性和实用性。

本书主要作为高级语言程序设计的配套教材使用，适用于应用型本科院校的计算机与非计算机专业，同时也适合作为高级语言程序设计实践及计算机等级考试的辅导教材使用。

本书第一部分 C 语言程序设计实训由余永红编写，第二部分 C++语言程序设计实训由赵卫滨编写，第三部分 C 语言程序设计模拟试题及参考答案由梁雅丽编写，第四部分 C++语言程序设计模拟试题及参考答案由蒋晶编写，全书由余永红统稿。

由于编著者水平有限，书中的错误在所难免，我们真诚希望使用本书的教师、学生和读者朋友提出宝贵意见和建议。

编著者的电子信箱是 yuyh@njupt.edu.cn。

编著者

2021 年 1 月

目　录

第四部分　C++语言程序设计模拟试题及参考答案

第一部分　C 语言程序设计实训

实验 1　Visual C++ 2010 集成开发环境介绍

1.1　实　验　目　的

通过本实验内容，实现如下学习目标：
- 掌握 Visual C++ 2010 集成开发环境的界面布局和各功能部件。
- 掌握在 Visual C++ 2010 集成开发环境下编辑 C/C++源程序的方法和步骤。
- 掌握在 Visual C++ 2010 集成开发环境下对 C/C++源程序进行编译、调试和运行的方法和步骤。

1.2　Visual C++ 2010 的界面布局和各功能部件

Visual C++ 2010 是 Microsoft 公司开发的在 Windows 环境下进行应用程序开发的 C/C++ 集成开发环境。它是 Microsoft 公司的 Visual Studio 2010 开发工具箱中的一个 C++程序开发包。Visual Studio 2010 提供了一整套开发 Internet 和 Windows 应用程序的工具，包括 Visual C++、Visual Basic、Visual C#、Visual F#及其他辅助工具。Visual C++包中除了包括开发程序所必需的编辑器（C++编译器、连接程序、调试程序），还包括许多为开发 Windows 系统下的 C++程序而设计的各种各样的工具。Visual C++ 2010 中的集成开发环境称为 Developer Studio。图 1-1 展示了 Visual C++ 2010 的界面布局。

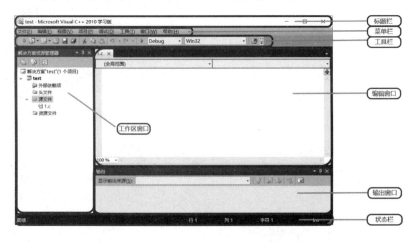

图 1-1　Visual C++ 2010 的界面布局

Visual C++ 2010 的功能部件总体上由菜单、工具栏、窗口三个主要部分构成，下面分别介绍这些部件的常用部分。

1.2.1　Visual C++ 2010 的常用菜单命令项

（1）文件（File）菜单。

- 新建（New）：选择"新建"选项，以便创建新的项目、文件或从现有代码中创建项目。
- 打开（Open）：选择"打开"选项，以便打开项目及解决方案、文件。
- 关闭解决方案（Close Solution Explorer）：关闭与工作区相关的所有窗口。
- 保存（Save）：快捷键 Ctrl+S。保存当前文件。
- 退出（Exit）：快捷键 Alt+F4。退出 Visual C++ 2010 开发环境，并提示保存窗口内容等。

（2）编辑（Edit）菜单。

- 撤销（Undo）：快捷键 Ctrl+Z。撤销上一个操作。
- 重做（Redo）：快捷键 Ctrl+Y。重复上一个操作。
- 剪切（Cut）：快捷键 Ctrl+X。将选定内容复制到剪贴板，然后再从当前活动窗口中删除所选内容。与粘贴联合使用可以移动选定的内容。
- 复制（Copy）：快捷键 Ctrl+C。将选定内容复制到剪贴板，但不从当前活动窗口中删除所选内容。与粘贴联合使用可以复制选定的内容。
- 粘贴（Paste）：快捷键 Ctrl+V。将剪贴板中的内容插入当前鼠标指针所在的位置。注意，必须先使用剪切或复制使剪贴板中具有准备粘贴的内容。
- 全选（Select All）：快捷键 Ctrl+A。选中当前活动窗口的全部内容，与剪切或复制、粘贴联合使用，可将活动窗口的全部内容插入到当前鼠标指针所在的位置。
- 快速查找（Quick Find）：快捷键 Ctrl+F。在当前文件中查找指定的字符串，可按快捷键 F3 寻找下一个匹配的字符串。
- 快速替换（Quick Replace）：快捷键 Ctrl+H。替换指定的字符串（用某一个字符串替换另一个字符串）。

（3）视图（View）菜单。

解决方案资源管理器（Solution Explorer）：如果工作区窗口没显示出来，则选择执行该选项后将显示出工作区窗口。

（4）项目（Project）菜单。

- 添加新项：快捷键 Ctrl+Shift+A。选择该选项将弹出对话框，在对话框中可以创建文件或组件等，并将其添加到当前项目中。例如，可创建 C++ 文件（.cpp）或头文件（.h）并将其添加到当前项目中。
- 添加现有项：快捷键 Shift+Alt+A。选择该选项将弹出对话框，在对话框中可以将已创建的文件添加到当前项目中。

（5）调试（Debug）菜单。

单击启动调试（Start Debug，快捷键 F5）后会出现如下所示的菜单项。

- 继续（Continue）：快捷键 F5。从当前语句启动继续运行程序，直到遇到断点或遇到程序结束而停止。
- 停止调试（Stop Debugging）：快捷键 Shift+F5。中断当前的调试过程并返回正常的编辑状态。
- 逐语句（Step Into）：快捷键 F11。单步执行程序，当遇到函数调用语句时进入该函数内部，并从头单步执行。
- 逐过程（Step Over）：快捷键 F10。单步执行程序，但当执行到函数调用语句时，不进入该函数内部，直接一步执行完该函数后，接着再执行函数调用语句后面的语句。
- 跳出（Step Out）：快捷键 Shift+F11。与逐语句配合使用，当执行进入函数内部时，单步执行若干步之后，如果发现不再需要进行单步调试，则通过该选项可以从函数内部返回（到函数调用语句的下一语句处停止）。
- 切换断点（Insert/Remove Breakpoint）：快捷键 F9。其功能是设置或取消固定断点，如果程序行前有一个圆形的标志，则表示该行已经设置了固定断点。另外，与固定断点相关的还有 Alt+F9（管理程序中的所有断点）和 Ctrl+F9（禁用/使能当前断点）。

（6）工具（Tools）菜单。

选项（Options）：选择该选项将弹出对话框，在对话框中可以改变开发环境的各种设置。

（7）窗口（Window）菜单。

窗口菜单中的命令主要用于文档窗口的操作，如新建窗口、拆分、浮动、停靠、隐藏、关闭所有文档等。窗口菜单的底部还会列出所有打开的文档名称。

（8）帮助（Help）菜单。

通过该菜单可以查看 Visual C++ 2010 的各种联机帮助信息。

1.2.2　Visual C++ 2010 的常用工具栏

工具栏由多个操作按钮组成，这些操作按钮一般都与某些菜单命令项对应，主要工具栏如下。

- 文件：新建项目、添加项目、打开文件等。
- 编辑：剪切、复制、粘贴、撤销、重做、查找等。
- 调试：启动调试。
- 视图：解决方案资源管理器、属性窗口、工具箱、起始页等。
- 工具：扩展管理器等。

1.2.3　Visual C++ 2010 的常用窗口

（1）解决方案资源管理器（Solution Explorer）。

该窗口也称为工作区窗口。该窗口提供了解决方案、项目和各个项目的可视化操作。项目被定义为一个配置和一组文件，用以生成最终的程序或二进制文件。一个解决方案（工作区）可以包含多个项目，这些项目既可以是同一类型的项目，又可以是不同类型的项目（如 Visual C++ 和 Visual C#项目）。该窗口显示了正在开发的项目的各个方面信息，其中包括外部依赖项、头文件、源文件等。

（2）输出（Output）窗口。

输出窗口输出一些用户操作后的反馈信息，它由一些页面组成，每个页面输出一种信息，输出的信息种类主要有以下几种。

- 生成信息：在生成解决方案（编译和链接）时输出，主要是生成时的错误和警告。
- 调试信息：在对程序进行调试时输出，主要是程序当前的运行状况。
- 查找结果：在用户从多个文件中查找某个字符串时产生，显示查找结果的位置。

（3）编辑窗口。

编辑窗口为开发者提供了编辑文件和资源的手段。通过编辑窗口，开发者可以编辑和修改源程序及各种类型的资源。

（4）调试窗口。

调试窗口包括一组窗口，在调试程序时分别显示各种信息，调试窗口主要包括以下几个。

- 自动窗口（Autos Box）。
- 调用堆栈（Call Stack）。
- 监视窗口（Watch Box）。
- 即时窗口（Immediate Window）。

1.3　C/C++应用程序的开发步骤

一个程序的开发包含以下四个步骤。

（1）编辑。

在程序开发平台上编写源程序代码，如果使用 C 语言进行编写，则创建的源程序文件扩展名为.c；如果使用 C++语言进行编写，则创建的源程序文件扩展名为.cpp。

（2）编译。

利用开发平台提供的编译系统对编写的源程序文件进行语法错误检测，形成目标文件，目标文件的扩展名为.obj，若没有语法错误，则可继续进行下一步，否则必须修改。

（3）链接。

链接目标文件形成可执行文件，可执行文件的扩展名为.exe。

（4）执行。

运行可执行文件。

　　下面具体介绍在 Visual C++ 2010 环境中开发一个 C 语言程序的过程和步骤。

　　在开始编程之前，必须先了解工程（project）的概念。这是 Visual C++系列开发工具的特色。工程又称项目，它具有两种含义，一种是指最终生成的应用程序；另一种则是为了创建这个应用程序所需的全部文件的集合，包括各种源程序、资源文件和文档等。绝大多数较新的开发工具都利用工程来对软件开发过程进行管理。用 Visual C++ 2010 编写并处理的任何程序都与工程有关（都要创建一个与其相关的工程），而每个工程又总与一个工作区相关联。工作区是对工程概念的扩展。一个工程的目标是生成一个应用程序，但很多大型软件往往需要同时开发多个应用程序，Visual C++ 2010 开发环境允许用户在一个工作区内添加多个工程，其中有一个工程是活动的（默认的），每个工程都可以独立进行编译、链接和调试。

1. 创建项目

　　在 Visual C++ 2010 中，以解决方案来管理项目，一个解决方案中可以包含一个或多个相互关联的项目，一个项目是多个相互关联的源文件及其他资源的集合。通常一个项目的代码文件放在同一个目录下。

　　创建项目的操作步骤如下。

　　（1）运行 Visual C++ 2010，出现如图 1-2 所示起始页界面。

　　（2）首次使用需要添加一个按钮便于运行程序，在上方标准工具栏中单击最右边的"添加或移除按钮"按钮，在弹出的下拉菜单中选择"自定义"选项，如图 1-3 所示。

图 1-2　　Visual C++ 2010 起始页

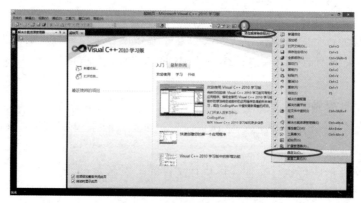

图 1-3　　选择"自定义"选项

（3）在弹出的"自定义"对话框中选择"命令"选项卡，然后单击"添加命令"按钮，如图 1-4 所示。

图 1-4　添加命令

（4）在弹出的"添加命令"对话框的"类别"列表框中选择"调试"选项，在"命令"列表框中单击"开始执行（不调试）"，然后单击"确定"按钮，如图 1-5 所示。

图 1-5　选择"开始执行（不调试）"按钮

（5）这时在主窗口中上方工具栏的最左边就出现了"开始执行（不调试）"，如图 1-6 所示。

图 1-6　成功添加按钮

（6）在上方菜单栏中依次单击"文件"→"新建"→"项目"命令，如图 1-7 所示。

图 1-7　新建项目操作

（7）在弹出的"新建项目"对话框中选择"Win32 控制台应用程序"，并填写相关信息，然后，单击"确定"按钮，需要注意的是，名称和位置不要使用中文。例如，我们在新建项目时，将项目名称命名为 Test，项目保存在电脑 E 盘根目录下，程序员可以根据实际情况进行命名并选择项目的保存路径，如图 1-8 所示。

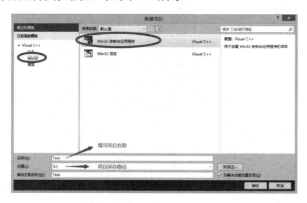

图 1-8　"新建项目"对话框

（8）单击"确定"按钮后，弹出"Win32 应用程序向导-Test"对话框，如图 1-9 所示。

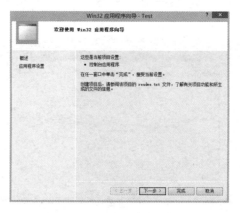

图 1-9　"Win32 应用程序向导-Test"对话框

（9）单击"下一步"按钮后，弹出新的对话框，先取消勾选"预编译头"复选框，再勾选"空项目"复选框，然后单击"完成"按钮就创建了一个新的项目，如图 1-10 所示。

图 1-10　创建新项目

（10）创建完成后，左边列表框中就出现了项目相关文件，如图 1-11 所示。

图 1-11　项目相关文件

2．编辑

完成以上操作后，便可以进行代码的编写了。Visual C++ 2010 自带的文本编辑器功能非常强大，可以方便地进行代码的编辑。在编写代码过程中，关键字会用不同的颜色进行标识。

编辑的操作步骤如下。

（1）右击"源文件"，在弹出的快捷菜单中单击"添加"→"新建项"命令，如图 1-12 所示。

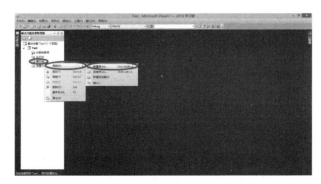

图 1-12　新建项

（2）在弹出的"添加新项-Test"对话框的相应位置选择相关操作，然后填写名称，注意其后缀名是.c，如图 1-13 所示。

图 1-13 "添加新项-Test"对话框

（3）单击"添加"按钮后，就成功添加了一个新的源文件，如图 1-14 所示。

图 1-14 .c 文件建立完成

（4）编写第一个代码"hello world!!!"，如图 1-15 所示。

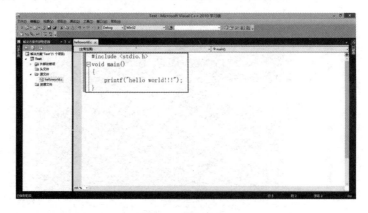

图 1-15 编写代码

3．编译和链接

Visual C++ 2010 中没有单独的编译和链接操作，而是使用生成解决方案。

（1）代码编写完成后，在上方菜单栏中单击"调试"命令，在弹出的一个子菜单中再单击"生成解决方案"命令，就完成了 helloworld.c 源文件的编译和链接工作，如图 1-16 所示。

图 1-16　生成解决方案

（2）如果代码没有错误，则会在下方的"输出"窗口中看到生成成功的提示，如图 1-17 所示。

图 1-17　生成成功

4．运行和调试

（1）在菜单栏中单击前面添加的"开始执行（不调试）"，如图 1-18 所示。

图 1-18　执行

（2）代码成功运行后，运行结果将显示在屏幕上，如图 1-19 所示。

图 1-19　运行成功

　　以上是一个简单 C 语言程序的开发过程，利用 C++语言程序进行开发时，只有在创建源程序文件时需要标明文件扩展名为.cpp，其他步骤都相同。

5. 查看源文件

　　当我们需要查看文件处于什么位置时，需要根据前面新建各类文件的目录来进行查找，例如，本例中是在 E 盘里新建项目，如图 1-20 所示，E 盘下面有个 Test 项目，项目中包含了相关的文件，我们发现其中还有个 Test 文件夹，这个文件夹就是创建.c 文件的时候创建出来的，打开后便可找到本例中创建的 helloworld.c 文件了，如图 1-21 所示。

图 1-20　项目所在位置

图 1-21　helloworld.c 源文件所在位置

1.4　C/C++应用程序的调试

利用开发平台在编译时只能找出程序在语法上的错误,编译通过并不意味着程序最终的运行结果一定是正确的,程序中可能存在算法和逻辑上的错误,如果运行结果不符合预期或被证明错误,那么我们可以利用 Visual C++ 2010 提供的调试功能帮助查找错误。下面先来认识一下 Visual C++ 2010 的调试菜单,然后介绍常用的调试操作,即设置断点和分步执行。

(1)调试菜单。

调试菜单对编写程序非常重要,它可以完成单步执行功能,帮助我们找到程序的错误。

调试菜单中包含了一些与程序调试有关的命令,在前面有关菜单的内容里已经详细介绍过,这里不再赘述。

(2)设置断点。

通过断点的设置,可以让程序在我们所需要的地方停止运行。设置断点的方法比较多,十分简单的操作就是找到一个想要停留的位置,在该位置处右击,在弹出的快捷菜单中单击"断点"→"插入断点"命令,如图 1-22 所示。

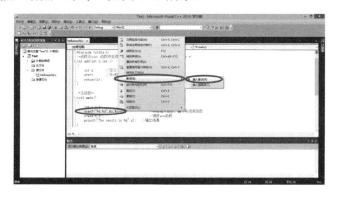

图 1-22　在某个被调试的程序中设置断点

在菜单栏中单击"调试"→"启动调试"命令,如图 1-23 所示,这时程序会在断点处停下来,如图 1-24 所示。在界面区域中出现变量的名称和值。通过这个区域的内容,我们可以看到每步中变量的值,以判断程序的运行状况。

图 1-23　启动调试

图 1-24　断点停留处

（3）分步执行。

在菜单栏中单击"调试"→"逐过程"命令，或者按 F10 键跳到下一步，如图 1-25 所示，这时指示箭头会向下移一行，代表程序运行了一步，如果这时变量的值发生变化，就可以从名称列表框和值列表框中反映出来。如果程序中调用了函数，我们想要看到所调用函数的运行情况，就需要按 F11 键。

图 1-25　分步执行

（4）结束调试。

在菜单栏中单击"调试"→"停止调试"命令可以结束调试，当程序修改结束后，需要在运行前取消断点。取消断点的方法同样可在断点处右击，在弹出的快捷菜单中单击"断点"→"删除断点"命令，断点取消。

1.5　实验内容

（1）创建一个 Win32 Console Application 类型的空白项目，项目以学号命名。编写一个 C 语言源程序添加到前面章节的项目中，要求程序的运行结果在屏幕上显示"Welcome to C Programming！"。

（2）查找下面程序的错误，使之能通过编译并成功运行。

```
#include "stdio.h"
void main();
{
    Printf"(hello world)";
}}
```

实验 2 顺序和选择结构程序设计

2.1 实 验 目 的

通过本章实验内容，实现如下学习目标：
- 理解结构化程序设计的概念。
- 熟练掌握顺序结构和选择结构的语法格式。
- 灵活运用 if、if…else 和 if…else if…else 语句解决实际问题。

2.2 示 例 程 序

【Example2.1】从键盘输入整数 x，计算 y=2+x 的值。

分析：要编程实现【Example2.1】，可以按如下步骤进行。

（1）定义整型变量 x 和整型变量 y。

（2）利用 scanf() 函数从键盘输入整数，并送到变量 x 所占据的存储空间。

（3）利用公式 y=2+x 计算 y 的值。

（4）利用 printf() 函数输出变量 y 的值。

【Example2.1】源代码：

```c
#include <stdio.h>
void main()
{
    int x;                            //定义整型变量 x
    int y;                            //定义整型变量 y
    printf("please input the value of variable x: ");
    scanf("%d",&x);                   //从键盘输入变量 x 的值
    y=x+2;                            //计算 y 的值
    printf("y==%d\n",y);              //打印 y 的值
}
```

【Example2.1】输出结果：程序编译通过并生成可执行文件后，在键盘输入 x 的值为 10 的情况下，运行结果如图 2-1 所示。

【Example2.2】从键盘输入整型变量 x 的值，根据下面 y 的定义，求 y 的值。

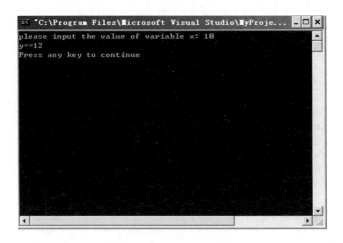

图 2-1 【Example2.1】x=10 时的运行结果

$$y = \begin{cases} 3 - x & x < 10 \\ x^2 & x \geqslant 10 \end{cases}$$

分析：【Example2.2】是实现一个分段函数，可以使用 if…else 语句编程实现。具体步骤如下。

（1）定义整型变量 x 和实型变量 y。

（2）利用 scanf() 函数从键盘输入变量 x 的值。

（3）判断输入值 x 的范围。如果 $x < 10$，则 $y = 3 - x$；否则，$y = x^2$。

（4）利用 printf() 函数输出 y 的值。

【Example2.2】源代码：

```c
#include <stdio.h>
void main()
{
    int x;                    //定义整型变量 x
    float y;                  //定义实型变量 y
    printf("please input the value of variable x: ");
    scanf("%d",&x);           //利用 scanf()函数从键盘输入变量 x 的值
    /*
    利用 if…else 语句实现分段函数 y
    */
    if(x<10)
    {
        y=3-x;
    }
    else
    {
        y=x*x;
    }
```

```
    printf("y==%f\n",y);                //利用 printf()函数输出 y 的值
}
```

【Example2.2】输出结果：程序编译通过并生成可执行文件后，在键盘输入 x 的值为 5 的情况下，运行结果如图 2-2 所示。

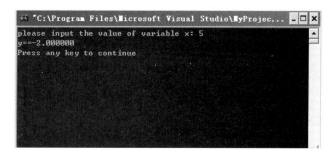

图 2-2 【Example2.2】x=5 时的运行结果

当从键盘输入 15 时，运行结果如图 2-3 所示。

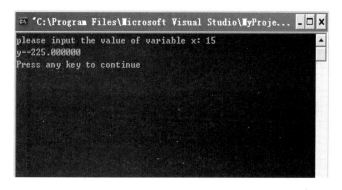

图 2-3 【Example2.2】x=15 时的运行结果

注意事项：在【Example2.2】中，计算 $y = x^2$ 时，代码中 $y = x * x$ 可以使用 $y = pow(x, 2)$ 来替换，此时需要加入包含数学函数的头文件 math.h。具体源代码如下所示：

```
#include <stdio.h>
#include <math.h>                  //加入数学头函数
void main()
{
    int x;                        //定义整型变量 x
    float y;                      //定义实型变量 y
    printf("please input the value of variable x: ");
    scanf("%d",&x);               //利用 scanf()函数从键盘输入变量 x 的值
    /*
    利用 if…else 语句实现分段函数 y
    */
    if(x<10)
    {
        y=3-x;
```

```
        }
        else
        {
            y=pow(x,2);                 //使用数据函数 pow()求 y 的值
        }
        printf("y==%f\n",y);            //输出 y 的值
    }
```

【Example2.3】从键盘输入一个整数，输出对应是星期几的英文单词。例如，输入 1，则在屏幕输出"Monday"。

分析：根据输入的不同整数值，输出不同的英文单词。与【Example2.2】类似，可以使用分段函数的思想来实现。在 if…else if…else 语句中，分别判断输入的整数值是否与整数 1、2、3、4、5、6 和 7 相等，如果相等则输出对应的英文单词，否则输出提示信息。也可以使用 switch 结构来实现：判断输入的整数值与哪个 case 后面的开关值相等，从而选择不同的程序分支执行。利用 switch 结构实现【Example2.3】的具体步骤如下。

（1）定义整型变量 x 存储用户输入的整数。

（2）使用 scanf()函数从键盘输入整型变量 x 的值。

（3）使用 switch 结构实现对应的英文单词输出操作。在 switch 结构中，分别定义 case 1、case 2、…、case 7，case 后面的分支语句分别输出对应的"Monday""Tuesday"…"Sunday"等。

【Example2.3】源代码：

```
#include <stdio.h>
void main()
{
    int x;                     //定义整型变量 x
    printf("please input the value of variable x: ");
    scanf("%d",&x);            //利用 scanf()函数从键盘输入变量 x 的值
    switch(x)
    {
        case 1: printf("Monday\n"); break ;
        case 2: printf("Tuesday\n"); break ;
        case 3: printf("Wednesday\n"); break ;
        case 4: printf("Thursday\n"); break ;
        case 5: printf("Friday\n"); break ;
        case 6: printf("Saturday\n"); break ;
        case 7: printf("Sunday\n"); break ;
        default: printf("please enter a valid value among [1...7] \n");
    }
}
```

【Example2.3】输出结果：程序编译通过并生成可执行文件后，在键盘输入 5 时，运行结果如图 2-4 所示。

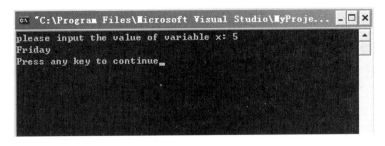

图 2-4 【Example2.3】x=5 时的运行结果

当从键盘输入 10 时，x 的值不在[1...7]的范围内，执行 default 语句，提示用户输入有效值，运行结果如图 2-5 所示。

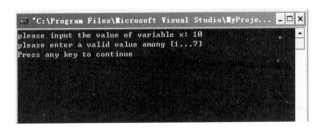

图 2-5 【Example2.3】x=10 时的运行结果

注意事项：

（1）在【Example2.3】中，x 一般定义为整型数据类型和字符数据类型。如果定义为 float 类型或者 double 类型，编译器将报编译错误 "error C2050: switch expression not integral"。

（2）在每个分支语句后，需要加上 break 语句，用于跳出 switch 结构。如果没有加上 break 语句，则会继续执行后面的所有语句。

2.3 实 验 内 容

（1）从键盘输入三个整数，编程实现求三个数中的最大值。

（2）编程实现百分制成绩到等级制成绩的转换。例如在键盘输入 "93" 分，输出等级 "A"。

（3）编程实现交换两个变量的值。要求用两种方案实现：使用第三个变量；不使用第三个变量。

（4）目前国际上常用 BMI 来衡量人体胖瘦程度及是否健康的一个标准，根据这一标准，编写程序 exp1_4.c，输入体重和身高，输出对应的 BMI 值及体型结论。具体标准：BMI=体重（千克）/身高（米）平方。偏瘦：BMI<18.5；正常：18.5≤BMI<24；超重：24≤BMI≤28；肥胖：BMI>28。

实验 3　循环结构程序设计

3.1　实 验 目 的

通过本章实验内容，实现如下学习目标：

- 理解循环结构程序设计的概念。
- 熟练掌握 while、do…while 和 for 语句的语法格式。
- 理解 break 和 continue 的用法及它们之间的区别。
- 灵活运用 while、do…while 和 for 语句解决实际问题。

3.2　示 例 程 序

【Example3.1】编程实现求 1+2+…+100 的和。

分析：本示例是循环语句最简单的应用之一，可以使用 while、do…while 和 for 语句实现。使用 while 语句实现【Example3.1】的具体步骤如下。

（1）定义整型变量 i，用来表示数值 1,2,…,100 等。

（2）定义长整型变量 sum，用于保存累加和。

（3）使用 while 语句求和。变量 i 依次代表数值 1,2,…,100，每次循环将 i 所代表的值累加到 sum 变量中。

（4）i 的值为 101 时，退出循环结构，输出变量 sum 的值。

【Example3.1】源代码：

```c
#include <stdio.h>
void main()
{
    int i=1 ;            //定义变量 i，并初始化为 1，用来表示数值 1,2,…,100
    long sum=0;          //定义变量 sum，并初始化为 0，用来保存累加和
    //执行 while 语句求和
    while(i<=100)
    {
        sum=sum+i;       //将 i 和原有的 sum 值进行相加，并将相加后的和赋值给 sum
        i=i+1;           //对变量 i 进行递增
    }
```

```
        printf("sum==%d\n",sum); //完成累加后，输出 sum 的值
    }
```

【Example3.1】输出结果：程序编译通过并生成可执行文件后，运行结果如图 3-1 所示。

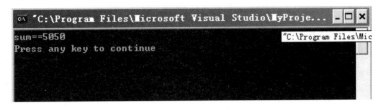

图 3-1 【Example3.1】的运行结果

使用 do…while 语句和 for 语句实现【Example3.1】的过程与 while 语句的实现类似。具体源代码如下所示。

【Example3.1】源代码（do…while 语句版）：

```
#include <stdio.h>
void main()
{
    int i=1 ;              //定义变量 i，并初始化为 1，用来表示数值 1,2,…,100
    long sum=0;            //定义变量 sum，并初始化为 0，用来保存累加和
                           //执行 do…while 语句求和
    do
    {
        sum=sum+i;         /*将 i 和原有的 sum 值进行相加，并将相加后的和赋
                             值给 sum*/
        i=i+1;             //对变量 i 进行递增
    }while(i<=100);
    printf("sum==%d\n",sum);//完成累加后，输出 sum 的值
}
```

【Example3.1】源代码（for 语句版）：

```
#include <stdio.h>
void main()
{
    int i ;               //定义变量 i，并初始化为 1，用来表示数值 1,2,…,100
    long sum=0;           //定义变量 sum，并初始化为 0，用来保存累加和
    //执行 for 语句求和
    for(i=1; i<=100; i++)
    {
        sum = sum+i;
    }
    printf("sum==%d\n",sum); //完成累加后，输出 sum 的值
}
```

注意事项：

（1）在【Example3.1】中，需要对变量 i 和 sum 进行初始化，否则 sum 的值将是一个随机值。

（2）在使用 do…while 语句时，while 后面是带分号的。没有分号就无法编译通过，编译器将报编译错误"error C2146: syntax error : missing ';' before identifier 'printf'"。

在【Example3.1】的基础上，可以对 1～100 之间的整数进行一些统计操作，如求奇数和、偶数和、奇数的个数、偶数的个数、平均值等。求 1～100 之间奇数和及奇数个数的源代码如下：

```
#include <stdio.h>
void main()
{
    int i=1 ;           //定义变量i，并初始化为1，用来表示数值1,3,…,99
    long oddSum=0;    //定义变量oddSum，并初始化为0，用来保存奇数累加和
    int oddCount=0 ;//定义变量oddCount，并初始化为0，用来保存奇数的个数
    while(i<=100)
    {
        //如果i是奇数则进行累加，oddCount的值加1；如果i是偶数则不进行统计
        if( i%2==1)
        {
            oddSum = oddSum+i;
            oddCount++;
        }
        i++;
    }
    printf("oddSum==%d\n",oddSum);     //完成累加后，输出奇数和oddSum的值
    printf("oddCount==%d\n",oddCount);//输出奇数个数oddCount的值
}
```

【Example3.2】从键盘输入一个正整数，编程实现输入正整数的倒序输出。例如，从键盘输入"1234"，在屏幕输出"4321"。

分析： 如果能够逐个取出输入的正整数 x 的个位、十位、百位等数字，那么就可以实现题目要求的功能。变量 x 的个位等于 x%10，十位等于 x/10 后再与 10 取模，即 (x/10)%10，百位等于 ((x/10)/10)%10，依次类推。可以发现刚才推理中存在一个取模-除以 10 的循环操作，一直进行到与 10 相除的商等于 0 结束。使用 while 语句实现【Example3.2】的具体步骤如下。

（1）定义整型变量 x，用来存储用户从键盘输入的值。

（2）定义整型变量 r，用来保存个位、十位、百位…上的值。

（3）利用 scanf()函数将键盘输入的整数赋值给变量 x。

（4）判断 x 是否为 0。如果 x 不等于 0 则继续执行下面的步骤（5）～（7）；如果 x 等于 0 则整个程序执行完成。

（5）r = x%10，输出 r 的值。

（6）x = x/10，将 x 与 10 相除的商赋值给 x。

（7）重复执行步骤 4。

【Example3.2】源代码：

```c
#include <stdio.h>
void main()
{
    int x ;                    //定义变量x，用于存储从键盘输入的整数
    int r;                     //定义变量r，用于存储变量x每个位上的值
    printf(" Please enter number x:");
    scanf("%d",&x);            //利用 scanf()函数从键盘输入变量 x 的值
    //使用 while 语句循环执行取模-输出-除以 10 的操作
    while(x != 0)
    {
        r=x%10;                //将 x 与 10 相除的余数赋值给 r
        printf("%d",r);        //利用 printf()函数输出 r
        x=x/10;                //将 x 与 10 相除的商赋值给 x
    }
    printf("\n");
}
```

【Example3.2】运行结果：程序编译通过并生成可执行文件后，运行结果如图 3-2 所示。

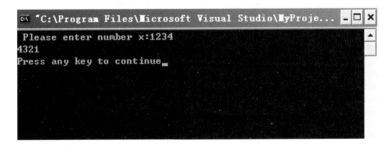

图 3-2　【Example3.2】x=1234 时的运行结果

【Example3.3】在屏幕上打印九九乘法表。

分析：观察九九乘法表，可以发现两个规律：第 i 行 j 列输出的内容为 i*j；在 i 行需要输出 i 项，列号 j 依次取值 1,2,…,i-1,i 。可以使用两层的 for 嵌套来实现【Example3.3】。具体步骤如下。

（1）定义整型变量 i 和 j，分别表示行号和列号。

（2）i 表示行号，在外层 for 循环结构递增。j 表示列号，在内层 for 循环结构递增。i 每取一个值，j 依次取值 1,2,…,i-1,i，并输出第 i 行 j 列的内容。i 递增一次，表示九九乘法表的一行打印完成。

【Example3.3】源代码：

```c
#include <stdio.h>
void main()
{
```

```
    int i;                              //定义整型变量 i，表示九九乘法表的行号
    int j;                              //定义整型变量 j，表示九九乘法表的列号
    printf("九九乘法表\n");
    for(i=1 ; i<=9 ; i++)
    {
        for(j=1 ; j<=i ; j++)
        {
            printf("%d*%d=%d\t",i,j,i*j); //输出九九乘法表 i 行 j 列的内容
        }
        printf("\n");                   //完成九九乘法表的一行输出后换行
    }
}
```

【Example3.3】运行结果：程序编译通过并生成可执行文件后，运行结果如图 3-3 所示。

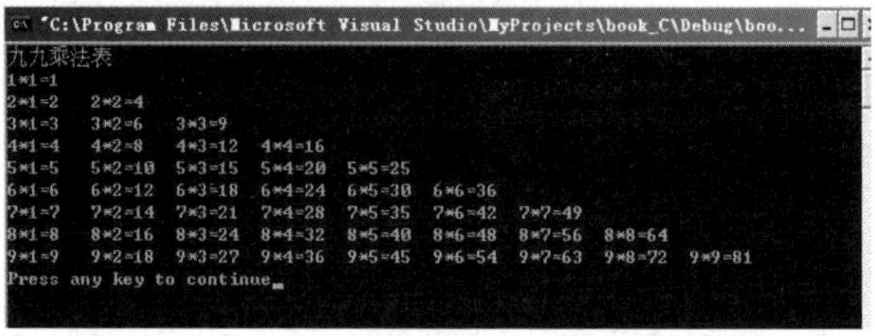

图 3-3 【Example3.3】的运行结果

3.3 实 验 内 容

（1）从键盘输入整数 n，编程统计 1～n 之间的能同时被 2 和 3 整除的整数的个数。

（2）编程实现求级数 $1^2 + 2^2 + 3^2 + \cdots$ 前 10 项之和。

（3）编程实现牛顿迭代法求方程 $2x^3 - 4x^2 + 3x - 6 = 0$ 在 1.5 附近的根。

（4）编写程序，利用循环语句输出如下倒三角形的*号（行数由键盘输入）：

*****

***

*

实验 4 函数编程设计

4.1 实 验 目 的

通过本章实验内容，实现如下学习目标：
- 熟练掌握无参函数、带参函数、无返回值函数和有返回值函数的定义方法。
- 理解函数调用的执行过程和形式参数与实际参数之间的值传递方式。
- 掌握函数嵌套调用和递归调用的方法。
- 理解模块化程序设计的思想，灵活运用函数模块化设计思想解决软件开发中的实际问题。

4.2 示 例 程 序

【Example4.1】定义函数 sayHello()，在主函数中调用 sayHello()时，输出"Hello world！"。

分析：根据【Example4.1】的意思，sayHello()是一个无参、不带返回值的函数。在 sayHello()函数内调用 printf()函数，输出"Hello world!"。在 main()函数内直接调用 sayHello()函数，完成"Hello world！"的输出。

【Example4.1】源代码：

```c
#include <stdio.h>
//定义 sayHello()函数
void sayHello()
{
    printf("Hello world!\n");
}
void main()
{
    sayHello();              //在main()函数中调用 sayHello()函数
}
```

【Example4.1】运行结果：程序编译通过并生成可执行文件后，运行结果如图 4-1 所示。

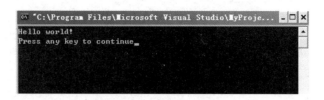

图 4-1 【Example4.1】的运行结果

注意事项：在【Example4.1】中，sayHello()函数的定义应该放在 main()函数之前，如果 sayHello()函数的定义在 main()函数后，则应在 main()函数之前加上函数原型声明。源代码如下：

```c
#include <stdio.h>
void sayHello();          //函数原型声明
void main()
{
    sayHello();           //在 main()函数中调用 sayHello()函数
}
void sayHello()
{
    printf("Hello world!\n");
}
```

【Example4.2】编写实现求两整数平均值的 getAverage()函数，并在 main()函数中验证函数的正确性。

分析：根据示例的要求，可以得到如下信息。

（1）getAverage()函数应该包含两个参数，参数的数据类型为 int。

（2）getAverage()函数具有返回值，返回值的数据类型为 double 或 float。

【Example4.2】具体的实现步骤如下：

（1）在 getAverage()函数内部，计算两个参数的平均值，并利用 return 语句将此平均值返回给调用函数。

（2）在 main()函数内，定义两个整型变量 number1、number2 及实型变量 average。

（3）在 main()函数内，利用 scanf()函数给整型变量 number1 和 number2 赋值。

（4）在 main()函数内，将实际参数值 number1 和 number2 赋值给 getAverage()函数的形式参数，调用 getAverage()函数执行。

（5）getAverage()函数执行完成后，返回 main()函数执行，将 getAverage()函数的返回值赋值给变量 average。

（6）调用 printf()函数输出平均值。

【Example4.2】源代码：

```c
#include <stdio.h>
double getAverage(int num1,int num2)
{
    double ave ;
```

```
        ave = (num1+num2)*1.0/2;        //计算 num1 和 num2 的平均值
        return ave;                      //通过 return 语句将 ave 返回给调用函数
}
void main()
{
    int number1 ;                        //定义整型变量 number1
    int number2;                         //定义整型变量 number2
    double average ;                     //定义实型变量 average，保存平均值
    printf("Please input two integer:");
    //利用 scanf()函数输入 number1 和 number2 的值
    scanf("%d %d",&number1,&number2);
    average= getAverage(number1, number2);   /*调用 getAverage()函数，计算
number1 和 number2 的平均值，并将 getAverage()函数的返回值赋值给变量 average */
    printf("average==%f\n",average); //调用 printf()函数输出平均值
}
```

【Example4.2】运行结果：程序编译通过并生成可执行文件后，在键盘输入"5"和"6"的情况下，运行结果如图 4-2 所示。

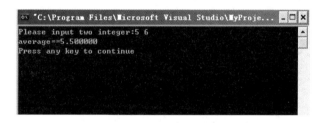

图 4-2 【Example4.2】在 number1=5,number2=6 时运行结果

注意事项：在【Example4.2】的 getAverage()函数的定义中，利用 ave = (num1+num2)*1.0/2 来求两个数的平均值。如果用 ave =（num1+num2)/2 来计算平均值，则得到的结果就损失了精度。在(num1+num2)后面乘以 1.0 是为了将两个数的和转换为 double 类型；然后 double 类型数据与 2 相除，得到的结果为 double 类型数据。

【Example4.3】编写递归函数 getFac(int n)，用来求参数 n 的阶乘，并在 main()函数中验证程序的正确性。

分析：在递归函数 getFac(int n)内，首先需要确定递归函数在什么条件下结束递归调用，其次需要确定如何用递归函数表示参数 n 的阶乘。在本示例中，当 n=1 时，结束递归调用，返回 1；参数 n 的阶乘用递归函数可以表示为 n! = getFac(n−1)*n，其中 getFac(n−1)表示 (n−1)!。

【Example4.3】具体的实现步骤如下：

（1）在函数 getFac(int n)内，如果 n=1，则通过 return 语句返回 1；否则，返回 getFac(n-1)*n。

（2）在 main()函数内定义整型变量 number 和长整型变量 fac。

（3）在 main()函数内利用 scanf()函数输入变量 number 的值。

（4）在 main()函数内调用 getFac()函数执行，将实际参数值传递给 getFac()函数。

（5）getFac()函数执行完成后，将 getFac()函数的返回值赋值给变量 fac。

（6）在 main()函数内调用 printf()函数输出阶乘的值。

【Example4.3】源代码：

```c
#include <stdio.h>
long getFac(int n)
{
    if (n==1)
    {
        return 1;                  //n=1时，停止递归调用，返回1
    }
    else
    {
        return getFac(n-1)*n;      //n!=1时，返回 getFac(n-1)*n
    }
}
void main()
{
    int number;                    //定义整型变量 number
    long fac ;                     //定义长整型变量 fac，用来保存 number 阶乘的值
    printf("Please input an integer:");
    scanf("%d",&number);           //调用 scanf()函数输入 number 的值
    //调用 getFac()函数，并将 getFac()函数的返回值赋值给 fac
    fac = getFac(number);
    printf("%d!==%d\n",number,fac);//调用 printf()函数输入 number 的阶乘
}
```

【Example4.3】运行结果：程序编译通过并生成可执行文件后，从键盘输入 5，运行结果如图 4-3 所示。

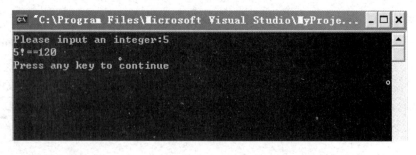

图 4-3　【example4.3】number=5 时的运行结果

注意事项：

（1）在【Example4.3】中，当 number 的值较小时，能够得到正确的结果。当 number 的值较大时，得到的结果可能超过了 long 数据类型的表示范围，此时需要考虑其解决方案。

（2）虽然递归调用使程序看起来简洁，但是由于频繁涉及函数调用及大量的入栈、出栈操作，因而效率较低，容易造成栈溢出，需要慎重使用。

4.3　实　验　内　容

（1）编写求两个整数最大公约数的函数 getGCM（int number1, int number2）和求最小公倍数的函数 getLCM（int number1, int number2），并在主函数中验证程序的正确性。

（2）编写函数 int digitSum（int number），实现输入一个非负整数，返回组成它的数字之和，并在主函数中验证程序的正确性。例如，调用 digitSum（1234），则应返回 1+2+3+4，它的和是 10。

（3）以递归方式实现函数 reverse（int number），将参数 number 的值倒序输出，并在主函数中验证程序的正确性。例如，从键盘输入"1234"，则在屏幕输出"4321"。

（4）运行如下试图交换两变量值的程序代码，观察程序运行结果，并分析函数 swap（）未能达到预期效果的原因：

```c
#include <stdio.h>
void swap(int x,int y)
{
    int temp;
    temp = x;
    x = y ;
    y =temp;
}
void main()
{
    int number1 = 10;
    int number2 = 20;
    printf("交换前的值：\n");
    printf("number1===%d\tnumber2=%d\n",number1,number2);
    swap(number1,number2);
    printf("交换前的值：\n");
    printf("number1===%d\tnumber2=%d\n",number1,number2);
}
```

实验 5　数组编程设计

5.1　实 验 目 的

通过本章实验内容，实现如下学习目标：

- 深入理解一维数组和二维数组在内存中的组织方式。
- 熟练掌握一维数组和二维数组的定义、初始化和数组元素的访问方法。
- 熟练掌握一般的排序算法，如冒泡排序、选择排序等。

5.2　示 例 程 序

【Example5.1】定义一维数组 int array[10]，从键盘输入 10 个整数对数组 array 赋值，并求数组元素的和。

分析：可按照如下的步骤实现【Example5.1】。

（1）定义一维整型数组 array。

（2）定义整型变量 i，用来表示数组 array 的下标。

（3）定义整型变量 sum，并初始化为 0。整型变量 sum 用来保存数组元素的和。

（4）使用 for 语句，依次调用 scanf() 函数给数组中的每个元素赋值。

（5）再次使用 for 语句，依次访问数组中的元素，将每个数组元素的值累加到变量 sum 中。

（6）调用 printf() 函数输出 sum 的值。

【Example5.1】源代码：

```
#include <stdio.h>
void main()
{
    int array[10] ;              //定义一维整型数组
    int i ;                      //定义整型变量 i，用来表示数组的下标
    int sum=0 ;                  //定义整型变量 sum，用来保存数组元素的和
    printf("please input values of array: ");
    //使用 for 语句，逐个给数组中的元素赋值
    for(i =0 ; i<10; i++)
    {
        scanf("%d",&array[i]);   //调用 scanf() 函数给 array[i] 赋值
    }
```

```
//使用 for 语句，逐个将数组中的元素累加到变量 sum 中
for(i=0 ; i<10 ; i++)
{
    sum = sum + array[i] ;
}
printf("sum==%d\n",sum);          //调用 printf()语句输出 sum 的值
}
```

【Example5.1】运行结果：程序编译通过并生成可执行文件后，在键盘输入 1,2,3,…,10 后，运行结果如图 5-1 所示。

图 5-1　【Example5.1】的运行结果

【Example5.2】定义一维数组 int array[10]={1,2,3,4,5,6,7,8,9,10}，编程实现将此一维数组倒置，如 a[0]=10,a[1]=9,…,a[9]=1。

分析：对于一维数组 array[n]，倒置其实是依次交换 array[0]和 array[n−1]，array[1]和 array[n−2]，array[2]和 array[n−3]等。可归纳为交换 array[i]和 array[n−1−i]的值，i 的取值范围为 0～n/2−1。

【Example5.2】具体的实现步骤如下。

（1）定义整型数组 array[10]，并初始化整型数组 array。

（2）定义整型数组 i，用来表示数组 array 的下标。

（3）定义整型变量 temp，用来作为交换两变量值的中间变量。

（4）使用 for 语句，依次交换 array[i]和 array[n−1−i]，此时 n=10。

（5）使用 for 语句输出数组中的每个元素。

【Example5.2】源代码：

```
#include <stdio.h>
void main()
{
    int array[10]={1,2,3,4,5,6,7,8,9,10};//定义数组 array,并初始化数组
    int i;                          /*定义整型变量 i,用来表示数组
                                        array 的下标*/
    int temp;                       /*定义整型变量 temp,用来作为交换
                                        两变量值的中间变量*/
    //使用 for 语句，依次交换 array[i]和 array[n-1-i]，此时 n=10
    for(i=0 ; i < 10/2 ; i++)
    {
        //利用中间变量 temp，实现 array[i]和 array[n-1-i]的交换
        temp =array[i];
        array[i] = array[9-i] ;
        array[9-i] = temp;
```

```
    }
    printf("倒置后的数组为：\n");
    //使用 for 语句输出数组中的每个元素
    for(i = 0 ; i<10 ; i++)
    {
        printf("%d\t",array[i]);
    }
}
```

【Example5.2】运行结果：程序编译通过并生成可执行文件后，运行结果如图 5-2 所示。

图 5-2 【Example5.2】的运行结果

【Example5.3】定义二维数组 int array[2][4]={{1,2,3,4},{5,6,7,8}}，编程实现求此二维数组的转置。

分析：二维数组 array[2][4]可以表示一个 2×4 的矩阵 A ，矩阵 A 的转置矩阵 $B = A^T$ ，其中矩阵 $A_{m×n}$ 与转置矩阵 $B_{n×m}$ 之间的关系为：$b_{ji} = a_{ij}, i = 1,\cdots,m, j = 1,\cdots,n$ 。因此可以利用两层的 for 语句依次将 $A_{m×n}$ 中的 a_{ij} 赋值给 b_{ji} 。

根据前面的分析，可按如下步骤实现【Example5.3】。

（1）定义二维整型数组 array[2][4]，并对数组 array 进行初始化。

（2）定义二维整型数组 arrayT[4][2]，用来表示数组 array 的转置。

（3）定义整型变量 i，用来表示数组 array 或矩阵 A 的行数，控制外层的 for 语句。

（4）定义整型变量 j，用来表示数组 array 或矩阵 A 的列数，控制内存的 for 语句。

（5）利用两层 for 语句，将 array[i][j]逐行逐列赋值给 arrayT[j][i]。

（6）再次利用两层 for 语句，调用 printf()函数将 arrayT 中的元素逐行输出。

【Example5.3】源代码：

```
#include <stdio.h>
void main()
{
    int array[2][4]={{1,2,3,4},{5,6,7,8}};
                        //定义二维整型数组 array[2][4]，并对数组 array 进行初始化
    int arrayT[4][2];//定义二维整型数组 arrayT[4][2]，用来表示数组 array 的转置
    int i;          //定义整型变量 i，用来表示数组 array 行数
    int j;          //定义整型变量 j，用来表示数组 array 列数
    //利用两层 for 语句，将 array[i][j]逐行逐列赋值给 arrayT[j][i]
    for(i=0; i<2 ; i++)
    {
        for(j=0 ; j<4 ; j++)
```

```
            {
                arrayT[j][i]=array[i][j];
            }
        }
        //利用两层 for 语句，调用 printf()函数将 arrayT 中的元素逐行输出
        printf("转置后的矩阵为：\n");
        for(i=0; i<4 ; i++)
        {
            for(j=0 ; j<2 ; j++)
            {
                printf("%d\t",arrayT[i][j]);
            }
            printf("\n");
        }
    }
```

【Example5.3】运行结果：程序编译通过并生成可执行文件后，运行结果如图 5-3 所示。

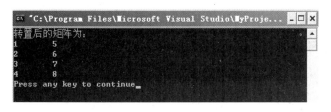

图 5-3　【Example5.3】的运行结果

【Example5.4】从键盘输入 10 个整数，编程实现对输入的 10 个整数进行冒泡排序（升序）。

分析：当利用冒泡排序对数组进行升序排序时，其基本思想是依次将数组中的最大元素"下沉"到数组的末端；相反，利用冒泡排序对数组进行降序排序时，其基本思想是依次将数组中的最小元素"下沉"到数组的末端。在升序的情况下，首先将数组中的最大元素"下沉"到 array[n-1]处，接着将第二大的元素"下沉"到 array[n-2]处，依次类推，最后将第 n-1 大的元素"下沉"到 array[1]处，剩下的最后一个元素，也就是最小的元素会自动处于 array[0]处。根据分析可知，这种元素"下沉"操作一共进行了 n-1 趟。第 i 趟将数组元素"下沉"到 array[n-1-i]处，i 从 0 开始编号。在每趟"下沉"过程中，对元素进行两两比较，如果 array[j]>array[j+1]，则交换 array[j]和 array[j+1]的值；否则，不进行其他操作。第 i 趟"下沉"的操作中，j 的变化范围为 0～n-1-i。例如当 i=0 时，j 依次取值为 0，1,2,…,n-2，依次比较了 array[0]和 array[1],array[1]和 array[2],…,array[n-2]和 array[n-1]，共 n-1 次比较操作，并在满足 array[j]>array[j+1]的条件下，进行交换操作。i 为其他值的情况下，可同理类推。

【Example5.4】的具体实现步骤如下。

（1）定义整型数组 array[10]，用来保存从键盘输入的 10 个整数。

（2）定义整型变量 i，表示"下沉"的趟数。

（3）定义整型变量 j，表示每趟"下沉"操作中，进行比较运算的元素下标。

（4）定义整型变量 temp，作为交换数组两元素值的中间变量。

（5）利用 for 语句，调用 scanf() 函数依次给数组 array 中的元素赋值。

（6）利用两层 for 语句，对数组 array 进行冒泡排序。i 在外层 for 语句中控制元素"下沉"的趟数，j 在内层 for 语句中控制进行大小比较的元素下标。在内层 for 语句中，如果 array[j]>array[j+1]，则利用中间变量 temp 对 array[j] 和 array[j+1] 的值进行互换。

（7）利用 for 语句调用 printf() 函数输出冒泡排序后的数组元素值。

【Example5.4】源代码：

```c
#include <stdio.h>
#define N 10
void main()
{
    int array[N];
    int i;
    int j;
    int temp;
    printf("请输入 10 个整数:");
    for(i=0 ; i<N ; i++)
    {
        scanf("%d",&array[i]);
    }
    for(i=0; i<N-1 ; i++)
    {
        for(j=0; j<N-1-i; j++)
        {
            if(array[j] > array[j+1])
            {
                temp = array[j] ;
                array[j] = array[j+1];
                array[j+1]= temp;
            }
        }
    }
    printf("进行冒泡排序后，数组的值为:\n");
    for(i=0 ; i<N ; i++)
    {
        printf("%d  ",array[i]);
    }
    printf("\n");
}
```

【Example5.4】运行结果：程序编译通过并生成可执行文件后，在键盘输入"9 7 4 2 5 8 3 1 6 10"后，运行结果如图 5-4 所示。

图 5-4　【Example5.4】的运行结果

5.3　实　验　内　容

（1）定义二维数组 int array[3][4]，从键盘输入整数给数组 array 赋值，并求数组 array 中的最大值和最小值。

（2）定义二维数组 int array[4][4]，从键盘输入整数给数组 array 赋值，并求数组 array 主对角线元素之和、次对角线元素之和。

（3）从键盘输入 10 个整数，编程实现对输入的 10 个整数进行选择排序（升序）。

实验 6　指针编程设计

6.1　实　验　目　的

通过本章实验内容，实现如下学习目标：

- 深入理解指针的概念。
- 熟练掌握指针变量的定义、初始化和访问方法。
- 熟练掌握利用指针变量访问数组的方法。
- 熟练掌握利用指针变量作为函数形式参数实现函数功能的方法。

6.2　示　例　程　序

【Example6.1】定义一维数组 int array[10]={1,2,3,4,5,6,7,8,9,10}，利用指针变量的形式求数组 array 中所有元素的和。

分析：可按照如下步骤实现【Example6.1】。

（1）定义一维整型数组 array。

（2）定义整型指针变量 pointer，用来表示数组中元素的指针（地址）。

（3）定义整型变量 sum，并初始化为 0。整型变量 sum 用来保存数组元素的和。

（4）使用 for 语句，使指针变量 pointer 依次指向 array[0],array[1],…,array[9]，则*pointer 依次代表 array[0],array[1],…,array[9]的值。将*pointer 累加到整型变量 sum 中。

（5）调用 printf()函数输出 sum 的值。

【Example6.1】源代码：

```
#include <stdio.h>
void main()
{
    int array[10]={1,2,3,4,5,6,7,8,9,10};
    int sum=0;
    int *pointer ;
    for(pointer=array; pointer< array+10; pointer++)
    {
        sum = sum + *pointer ;
    }
```

```
        printf("sum==%d\n",sum);
    }
```

【Example6.1】运行结果：程序编译通过并生成可执行文件后，运行结果如图 6-1 所示。

图 6-1　【Example6.1】的运行结果

【Example6.2】编程实现交换两整数变量值的函数，并在 main()函数中验证。

提示：函数定义类似于 void swap(int *x,int *y){}。

分析：首先，swap()函数为无返回值函数；其次，swap()函数的两个形式参数为整型指针变量。在 swap()函数内，指针变量 x 和 y 保存需要进行交换操作的变量的地址，而*x 和*y 分别代表了需要进行交换操作的变量的值。因此，可以利用 temp = *x; *x = *y ; *y =temp;来实现 x 和 y 地址内变量值的互换功能。

【Example6.2】具体的实现步骤如下。

（1）在 swap()函数内定义整型变量 temp，作为*x 和*y 值互换操作的中间变量。

（2）在 swap()函数内执行 temp = *x; *x = *y ; *y =temp; 来实现 x 和 y 地址内变量值的互换。

（3）在 main()函数内定义需要进行交换操作的两个整型变量 number1 和 number2。

（4）在 main()函数内通过 scanf()函数对变量 number1 和 number2 赋值。

（5）在 main()函数内调用 swap()函数实现变量 number1 和 number2 的互换功能。此时 swap()函数的实际参数为 number1 和 number2 的地址，即 &number1 和 &number2。

（6）在 main()函数内，调用 printf()函数输出进行交换操作后 number1 和 number2 的值。

【Example6.2】源代码：

```
#include <stdio.h>
void swap(int *x, int *y)
{
    int temp;
    temp = *x ;
    *x = *y;
    *y = temp;
}
void main()
{
    int number1;                        //定义整型变量number1
    int number2;                        //定义整型变量number2
    printf("请输入进行交换操作的两个变量的值：");
```

```
    scanf("%d %d",&number1,&number2);      //调用 scanf()函数输入变量的值
    printf("进行交换操作之前，变量的值为:\n");
    printf("number1==%d\t number2==%d\n",number1,number2);
    swap(&number1,&number2);               //调用 swap()函数进行交换操作
    printf("进行交换操作后，变量的值为:\n");
    printf("number1==%d\t number2==%d\n",number1,number2);
}
```

【Example6.2】运行结果：程序编译通过并生成可执行文件后，在键盘输入"10 20"后，运行结果如图 6-2 所示。

图 6-2 【Example6.2】的运行结果

【Example6.3】编程实现求一维整数数组元素最大值的函数，并在 main()函数中验证。

提示：函数定义类似 getMax(int *pointer, int n){}。

分析：首先，getMax()函数应该具有整数类型的返回值。其次，getMax()函数的形式参数应该包含两个，一个为整型指针变量 pointer，用来保存数组的首地址；另一个为整型变量 n，用来表示数组中元素的个数。在 getMax()函数内部，可以使用 for 语句来求数组元素的最大值，初始化 max=array[0]，然后指针变量依次指向 array[1],array[2],…,array[n−1]，并比较 max 和指针变量所指向数组元素的大小，如果指针变量所指向的数组元素大于 max，则将指针变量所指向的数组元素赋值给 max。

【Example6.3】具体的实现步骤如下。

（1）定义一维整型数组 array，并对数组 array 进行初始化。

（2）定义求数组最大值函数 int getMax(int *pointer, int n)。

（3）在 getMax()函数内定义整型变量 max，并初始化 max = *pointer，或者 max= pointer[0]，用数组中第一个元素值初始化变量 max。

（4）在 getMax()函数内定义整型变量 i，用来循环遍历数组元素。

（5）在 getMax()函数内使用 for 语句和指针变量 pointer 依次访问数组中的元素，与 max 进行比较，如果指针变量 pointer 所指向的数组元素大于 max，则将指针变量 pointer 所指向的数组元素赋值给 max。

（6）在 getMax()函数内完成 for 循环后，使用 return 语句返回 max。

（7）在 main()函数内定义一维整型数组 int array[10]，并初始化数组。

（8）在 main()函数内定义整型变量 max，用来接收 getMax()函数返回的数组元素最大值。

（9）在 main()函数内调用自定义函数 getMax()，求数组 array 中元素的最大值。此时

实际参数为数组的首地址和数组元素的个数，即 array 和 10。

（10）在 main()函数内完成 getMax()函数调用后，将 getMax()函数的返回值赋值给 max 变量。

（11）在 main()函数内调用 printf()函数，输出最大值。

【Example6.3】源代码：

```c
#include <stdio.h>
int getMax(int *pointer,int n)
{
    int max =pointer[0];
    int i;
    for(i=1;i<n;i++)
    {
        if(pointer[i]>max)
        {
            max = pointer[i];
        }
    }
    return max ;
}
void main()
{
    int array[10]={2,34,33,12,4,64,23,55,334,100};
    int max;
    max = getMax(array,10);
    printf("max==%d\n",max);
}
```

【Example6.3】运行结果：程序编译通过并生成可执行文件后，运行结果如图 6-3 所示。

图 6-3　【Example6.3】运行结果

6.3　实验内容

（1）设计求二维数组中元素和的函数，并在 main()函数中验证程序的正确性。

（2）编程实现对一维数组进行冒泡排序的函数，并在 main()函数中验证程序的正确性。

（3）编程实现对一维数组进行选择排序的函数，并在 main()函数中验证程序的正确性。

（4）编程实现对一维数组的逆置，如 int a[5]={1,2,3,4,5};，逆置后数组 a 中的内容为 {5,4,3,2,1}。

实验 7 字符串编程设计

7.1 实 验 目 的

通过本章实验内容，实现如下学习目标：

- 深入理解字符串在内存中的存储方式。
- 熟练掌握字符指针变量访问字符串的方法。
- 熟练掌握字符串标准库函数的使用方法。

7.2 示 例 程 序

【Example7.1】从键盘输入一个字符串，编程实现将输入的字符串中的小写字符全部转换为大写字符。例如，从键盘输入"abcdef"，将其转换为"ABCDEF"。

分析：小写字符的 ASCII 码值比大写字符的 ASCII 码值大 32，因此将小写字符的 ASCII 码值减去 32 就实现了小写字符到大写字符的转换。定义字符指针变量 p，p 首先指向字符串的首字符，然后不断后移，直到字符指针变量指向字符串的末端字符'\0'为止。字符指针变量 p 每指向一个字符，就判断字符指针变量所指向字符是否在'a'～'z'之间，如果在该范围内，则将相应字符的 ASCII 码值减去 32，实现小写字符到大写字符的转换。通过上述字符指针变量遍历字符串的过程，可以实现要求。

【Example7.1】具体的实现步骤如下。

（1）定义一维字符型数组 char ch[20]，用来保存从键盘输入的字符串。

（2）定义字符指针变量 p，并初始化字符指针变量的值为字符串首地址。

（3）调用 gets（）函数从键盘输入字符串。

（4）使用 while 语句和字符指针变量 p 遍历字符数组中的每个元素，判断 p 所指向的字符是否在'a'～'z'之间，如果在此范围内，则将字符指针变量指向的字符的 ASCII 码值减去 32。

（5）字符指针变量指向字符串末端字符'\0'时，结束 while 循环操作。

（6）调用 printf（）函数或者 puts（）函数输出转换后的字符串。

【Example7.1】源代码：

```
#include <stdio.h>
void main()
```

```
{
    char ch[20];
    char *p=ch;
    printf("请输入一个字符串:\n");
    gets(ch);
    while((*p)!= '\0')
    {
        if( (*p)>='a' && (*p)<='z' )
        {
            *p = *p - 32 ;
        }
        p++;
    }
    printf("转换后的字符串为:\n");
    puts(ch);
}
```

【Example7.1】运行结果：程序编译通过并生成可执行文件后，在键盘输入"abcdrf"后，运行结果如图 7-1 所示。

图 7-1　【Example7.1】的运行结果

【Example7.2】编程实现求字符串长度函数，并在 main() 函数中验证。

提示：函数定义类似 strLen (char *p){}。

分析：求字符串长度的函数 strLen() 有一个字符指针类型的形式参数 p，用来接收调用函数传递过来的字符串首地址，而且函数 strLen() 的返回值为 int 类型，表示计算得到的字符串长度。在 strLen() 函数内部，可以结合 while 语句和指针变量 p 来遍历字符串。在遍历的过程中，通过一个计数器来统计字符串的长度。

【Example7.2】具体的实现步骤如下。

（1）在 strLen() 函数内定义整型变量 count，并初始化为 0，用来统计字符串的长度。

（2）在 strLen() 函数内使用 while 语句和字符指针变量 p 遍历字符数组中的每个元素。在遍历的过程中，计数器 count 自加。

（3）在 strLen() 函数内，当*p = '\0'时，结束 while 循环。通过 return 语句返回 count。

（4）在 main() 函数内定义字符数组 ch[100]。

（5）在 main() 函数内定义整型变量 length，表示字符串的长度。

（6）在 main() 函数内调用 gets() 函数从键盘输入的字符串，并存储在字符数组 ch 所占的存储区内。

（7）在 main()函数内调用 strLen()函数计算 ch 所代表的字符串长度。调用时，实际参数为字符数组的首地址，即 ch。

（8）strLen()函数调用结束后，将 strLen()函数的返回值赋值给 length。

（9）在 main()函数内调用 printf()函数输出变量 length 的值。

【Example7.2】源代码：

```c
#include <stdio.h>
int  strLen(char *p)
{
    int count = 0 ;
    while(*p != '\0')
    {
        count++;
        p++;
    }
    return count;
}
void main()
{
    char ch[100];
    int length ;
    printf("请输入一个字符串:\n");
    gets(ch);
    length = strLen(ch);
    printf("字符串的长度为: %d\n",length);
}
```

【Example7.2】运行结果：程序编译通过并生成可执行文件后，运行结果如图 7-2 所示。

图 7-2 【Example7.2】的运行结果

【Example7.3】编程实现字符串 copy 操作函数，并在 main()函数中验证。

提示：函数定义类似 void strCopy(char *to,char *from){}。

分析：首先，strCopy()函数没有返回值；其次，strCopy()函数有两个字符指针变量类型的形式参数 to 和 from。其中，在调用 strCopy()函数时，from 用来保存源字符串的首地址，to 用来保存目的字符串的首地址。通过移动字符指针变量 from 和 to，可以访问源字符串和目的字符串中的每个字符存储空间。在 strCopy()函数内，利用 while 语句和 from 字符指针变量遍历源字符串，在 from 指向源字符串结束字符'\0'之前，依次将 from 所指向的字符赋值给 to 所指向的存储空间。

【Example7.3】具体的实现步骤如下。

（1）在 strCopy()函数内利用 while 语句不断移动 from 和 to 指针变量，并将 from 指向的字符赋值给 to 所指向的存储空间。

（2）在 main()函数内定义字符指针变量 char *strFrom 并初始化。strFrom 用来指向进行 copy 操作的源字符串。

（3）在 main()函数内定义字符数组 char strTo[100]，用来表示目的字符串。

（4）在 main()函数内调用 strCopy()函数，进行字符串的 copy 操作，将 strFrom 所指向的字符串 copy 到 strTo 所指向的存储空间中。在调用 strCopy()函数时，实际参数为 strTo 和 strFrom。

（5）在 main()函数内调用 printf()函数输出 strTo 所代表的字符串。

【Example7.3】源代码：

```c
#include <stdio.h>
void strCopy(char *to, char *from)
{
    while( (*from)!= '\0')
    {
        *to = *from;
        from++;
        to++;
    }
    *to = '\0';
}
void main()
{
    char *strFrom="ABCDEF";
    char strTo[100];
    strCopy(strTo,strFrom);
    printf("进行 copy 操作后，strTo 字符串为：%s\n",strTo);
}
```

【Example7.3】运行结果：程序编译通过并生成可执行文件后，运行结果如图 7-3 所示。

图 7-3　【Example7.3】的运行结果

注意事项：

（1）在示例【Example7.3】的 strCopy（）函数中，while 循环结束后，通过代码*to='\0' 在目的字符串后加上字符串结束标志。

（2）在示例【Example7.3】的 main（）函数中，用于表示目的字符串的 strTo 定义为字符数组，不能定义为 char *strTo。

7.3　实 验 内 容

（1）从键盘任意输入五个学生的姓名，编程并输出按字典顺序排在最前面的学生姓名。

（2）编程实现两字符串进行连接操作的函数，并在 main（）函数中验证。（提示：函数定义类似 strcat（char *str1,char *str2）{}，函数功能为将 str2 所表示的字符串连接到 str1 所表示的字符串后。）

（3）从键盘输入一个英文字符串，以'#'作为结束标志，编程统计字符串中英文单词的个数，并按单词出现频次升序排序显示每个单词出现的次数。

实验 8　文件操作编程设计

8.1　实　验　目　的

通过本章实验内容，实现如下学习目标：
- 理解缓冲文件系统及文件指针的概念。
- 熟练掌握利用文件指针操作文件的流程。
- 熟练掌握利用标准库函数读、写文件的方法。

8.2　示　例　程　序

【Example8.1】编程实现读取 D 盘下 input.txt 文件内容，将文件 input.txt 所有内容显示在屏幕上。

分析：可以利用 fgetc（）函数和 while 循环语句将文件中字符一个一个读出，然后打印读出的每个字符。

实现【Example8.1】的具体步骤如下。

（1）定义文件指针变量 FILE *fp，fp 用来指向 FILE 类型结构体变量，通过 FILE 类型结构体变量中的成员信息来操作文件。

（2）定义字符变量 ch，用来保存从文件中读出的字符。

（3）调用 fopen（）函数，以只读的方式打开文件，如果打开文件失败，则打印提示信息，并退出程序执行。

（4）利用 fgetc（）函数读出文本文件 input.txt 中第一个字符，并赋值给字符变量 ch。

（5）在 while 语句中判断字符 ch 是否为 EOF（表示文本文件的结束字符）。如果不是 EOF，则调用 putchar（）函数输出字符变量 ch；如果是 EOF，则结束 while 循环，跳到步骤（7）执行。

（6）利用 fgetc（）函数读出文本文件下一个字符，并赋值给字符变量 ch，然后跳到步骤（5）执行。

（7）结束 while 循环后，调用 fclose（）函数关闭文件。

【Example8.1】源代码：

```
#include <stdio.h>
void main()
```

```
    {
        FILE *fp ;
        char ch ;
        if((fp =fopen("d:\\input.txt","r"))==NULL)
        {
            printf("打开文件失败！");
            return;
        }
        ch = fgetc(fp);
        printf("input.txt 内文件内容为:\n");
        while(ch != EOF )
        {
            putchar(ch);
            ch = fgetc(fp);
        }
        fclose(fp);
        printf("\n");
    }
```

【Example8.1】运行结果：程序编译通过并生成可执行文件后，运行结果如图 8-1 所示。

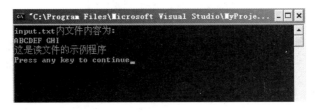

图 8-1 【Example8.1】的运行结果

注意事项：

在示例【Example8.1】中，使用 ch != EOF 来判断文本文件的结束，还可以将 while(ch != EOF)替换为 while(!feof(fp))来判断文件的结束。函数 feof()可以判断文本文件和二进制文件是否结束。

【Example8.2】从键盘输入多行字符串，以'#'作为结束标志，将字符串全部写到 D:\output.txt 文件中。

分析：可以调用 getchar()函数从键盘输入字符，然后使用 while 语句和 fputc()函数逐字符的将用户输入的字符写到 output.txt 文件中，直到从键盘输入'#'为止。

实现【Example8.2】的具体步骤如下。

（1）定义文件指针变量 FILE *fp，fp 用来指向 FILE 类型结构体变量，通过 FILE 类型结构体变量中的成员信息来操作文件。

（2）定义字符变量 ch，用来保存从键盘输入的字符。

（3）调用 fopen()函数，以只写的方式打开文件，如果打开文件失败，则打印提示信息，并退出程序执行。

（4）调用 getchar()函数接收从键盘输入的第一个字符，并赋值给字符变量 ch。

（5）在 while 语句中，判断字符变量 ch 是否为'#'。如果字符变量 ch 不是'#'，则调用 fputc()函数，将 ch 写到 output.txt 文件中；如果字符变量 ch 是'#'，则结束 while 循环，跳到步骤（7）执行。

（6）利用 getchar()函数接收用户从键盘输入的下一个字符，并赋值给字符变量 ch，然后跳到步骤（5）执行。

（7）结束 while 循环后，调用 fclose()函数关闭文件。

【Example8.2】源代码：

```c
#include <stdio.h>
void main()
{
    FILE *fp ;
    char ch ;
    if((fp =fopen("d:\\output.txt","w"))==NULL)
    {
        printf("打开文件失败！");
        return;
    }
    printf("请输入字符串，以'#'作为结束标识:\n");
    ch = getchar();
    while(ch  != '#')
    {
        fputc(ch,fp);
        ch = getchar();
    }
    fclose(fp);
    printf("\n 写文件操作完成!\n");
}
```

【Example8.2】运行结果：程序编译通过并生成可执行文件后，运行结果如图 8-2 所示。

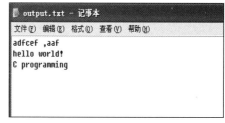

图 8-2 【Example8.2】的运行结果

【Example8.3】编程实现将 D:\input.txt 文件的内容 copy 到 D:\output.txt 中。

分析：结合【Example8.1】和【Example8.2】的思想，可以定义两个文件类型的指针变量 fread 和 fwrite，分别用来读文件 D:\input.txt 和写文件 D:\output.txt。利用 while 循环结构，依次从文件 D:\input.txt 中读出字符，并将读出的字符写到 D:\output.txt 文件中，直到文件类型指针变量 fread 指向 D:\input.txt 文件末尾为止。

【Example8.3】具体的实现步骤如下。

（1）定义文件指针变量 FILE *fread，fread 用来操作文本文件 D:\input.txt。

（2）定义文件指针变量 FILE *fwrite，fread 用来操作文本文件 D:\output.txt。

（3）定义字符变量 ch，用来保存从文件 D:\input.txt 中读出的字符。

（4）调用 fopen()函数，以只读的方式打开文本文件 D:\input.txt，将表示文件 D:\input.txt 的 FILE 类型结构体变量的地址信息赋值给文件类型指针变量 fread。如果打开文件失败，则打印提示信息，并退出程序执行。

（5）调用 fopen()函数，以只写的方式打开文本文件 D:\output.txt，将表示文件 D:\output.txt 的 FILE 类型结构体变量的地址信息赋值给文件类型指针变量 fwrite。如果打开文件失败，则打印提示信息，并退出程序执行。

（6）调用 fgetc()函数从文件 D:\input.txt 中读出第一个字符，并赋值给字符变量 ch。

（7）在 while 语句中，判断字符变量 ch 是否为 EOF。如果字符变量 ch 不是 EOF，则调用 fputc()函数将 ch 写到 output.txt 文件中。如果字符变量 ch 是 EOF，则结束 while 循环，跳到步骤（9）执行。

（8）利用 fgetc()函数从文件 D:\input.txt 中读下一个字符，并赋值给字符变量 ch，然后跳到步骤（7）执行。

（9）结束 while 循环后，调用 fclose()函数关闭文本文件 D:\input.txt 和 D:\output.txt，释放指针变量 fread 和 fwrite。

【Example8.3】源代码：

```c
#include <stdio.h>
void main()
{
    FILE *fread ;
    FILE *fwrite ;
    char ch ;
    if((fread =fopen("d:\\input.txt","r"))==NULL)
    {
        printf("打开文件失败! ");
        return;
    }
    if((fwrite =fopen("d:\\output.txt","w"))==NULL)
    {
        printf("打开文件失败! ");
        return;
    }
    ch = fgetc(fread);
    while(ch != EOF)
    {
        fputc(ch,fwrite);
        ch = fgetc(fread);
    }
```

```
        fclose(fread);
        fclose(fwrite);
        printf("\n 文件 COPY 操作完成!\n");
    }
```

【Example8.3】运行结果：程序编译通过并生成可执行文件后，运行结果如图 8-3 所示。

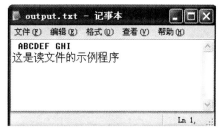

图 8-3　【Example8.3】的运行结果

注意事项：在示例【Example8.3】中，需要对文件 D:\input.txt 进行读操作，因此打开文件的方式为"r"；需要对文件 D:\output.txt 进行写操作，因此打开文件的方式为"w"。

8.3　实 验 内 容

（1）在 D 盘有文本文件 in.txt，请编写程序统计 in.txt 文件中的数字、大写字母、小写字母和其他类型字符的个数。

（2）编程实现将 D:\file1.txt 文件的内容追加到 D:\file2.txt 末尾。

（3）编程实现统计 D:\file.txt 文件中每个英文单词出现的频次，并按英文单词出现频次升序排序，将单词信息和频次信息写到文件 D:\count.txt 中。

第二部分　C++语言程序设计实训

实验 9　C++类与对象编程设计

9.1　实 验 目 的

通过本章实验内容，实现如下学习目标：
- 深入理解类和对象的概念。
- 深入理解类构造函数、析构函数的基本知识。
- 熟练掌握类的定义方法和对象实例化方法。
- 熟练掌握调用对象方法来完成相应操作。

9.2　示 例 程 序

【Example9.1】在一个简单的学生管理系统中定义 Student 类，用来封装学生属性信息及实现属性信息上的一些简单操作，并在 main()函数测试验证程序的正确性。在 Student 类内具体实现如下成员函数。

（1）实现学生属性信息的 set/get 操作的成员函数，分别用来设置和获取相应的学生属性信息。

（2）显示具体学生所有属性信息成员函数。

假设学生属性信息包括 id、name 和 age 等。

分析：在一个简单学生管理系统中，Student 类是所有学生的抽象表示，每个实例表示一个具体的学生。Student 类的定义主要分成两部分：私有的数据成员的定义和公有的成员函数的定义。私有的数据成员包括整型的 id、字符串类型的 name 和整型的 age；公有的成员函数主要实现 set/get 操作、学生所有属性信息显示的功能及 Student 类的构造函数。具体需要实现如下函数。

- void setId(int _id)：用来设置 Student 类实例的 id 信息，将形式参数_id 的值赋给 Student 类实例的成员变量 id。
- int getId()：用来获取 Student 类实例的 id 信息。
- void setName(string _name)：用来设置 Student 类实例的 name 信息，将形式参数_name 的值赋给 Student 类实例的成员变量 name。
- string getName()：用来获取 Student 类实例的 name 信息。
- void setAge(int _age)：用来设置 Student 类实例的 age 信息，将形式参数_age 的值

赋给 Student 类实例的成员变量 age。

- int getAge()：用来获取 Student 类实例的 age 信息。
- void display()：用来显示具体 Student 类实例的所有属性信息。可以调用 cout 流对象来输出 Student 实例中的每个成员信息。
- Student(int _id, string _name, int _age)：Student 类的构造函数，用形式参数_id、_name、_age 来初始化一个具体 Student 类实例的成员变量 id、name、age。

【Example9.1】源代码：

```cpp
#include <iostream>
#include <string>
using namespace std;
class Student
{
private:
    int id ;
    string name;
    int age;
public :
    Student(int _id, string _name, int _age);
    void setId(int _id);
    int getId();
    void setName(string _name);
    string getName();
    void setAge(int _age);
    int getAge();
    void display();
};

Student::Student(int _id, string _name, int _age)
{
    id = _id ;
    name = _name;
    age=_age;
}
void Student::setId(int _id)
{
    id=_id;
}

int Student::getId()
{
    return id;
}

void Student::setName(string _name)
```

```cpp
{
    name=_name;
}

string Student::getName()
{
    return name;
}

void Student::setAge(int _age)
{
    age=_age;
}

int Student::getAge()
{
    return age;
}

void Student::display()
{
    cout<<"id==="<<id<<endl;
    cout<<"name==="<<name<<endl;
    cout<<"age==="<<age<<endl;
}

int main()
{
    Student student(10,"yuyh",20);
    student.display();
    student.setName("jeccica");
    student.display();
    return 0;
}
```

【Example9.1】运行结果：程序编译通过并生成可执行文件后，运行结果如图 9-1 所示。

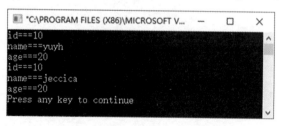

图 9-1 【Example9.1】的运行结果

在【Example9.1】的 main()函数中，首先生成一个 Student 类的实例 student，并用

(10,"yuyh",20)初始化实例变量 student；然后调用 display()函数，显示此实例变量的所有成员变量的信息；接着调用 setName("jeccica")来修改此实例变量的 name 信息；最后再次调用 display()函数，显示 student 实例修改 name 后的所有成员变量信息。

【Example9.2】定义一个日期 Date 类，用来封装日期信息及实现对日期信息中属性值的简单操作，并在 main()函数中测试验证程序的正确性。类 Date 中包含属性 year、month 和 day。要求 Date 类可以实现如下操作。

（1）实现 Date 类中属性信息的 set/get 操作，分别用来设置和获取相应的日期属性信息。

（2）实现 Date 类中属性信息的显示操作。

分析：Date 类的定义主要分为两部分：私有的数据成员的定义和公有的成员函数的定义。私有的数据成员包括整型的 year、整型的 month 和整型的 day；公有的成员函数主要实现 set/get 操作、Date 类实例所有属性信息显示的功能及 Date 类的构造函数。具体需要实现如下函数。

- void setYear(int _year)：用来设置 Date 类实例的 year 信息，将形式参数_year 的值赋给 Date 类实例的成员变量 year。
- int getYear()：用来获取 Date 类实例的 year 信息。
- void setMonth(int _month)：用来设置 Date 类实例的 month 信息，将形式参数_month 的值赋给 Date 类实例的成员变量 month。
- int getMonth()：用于获取 Date 类实例的 month 信息。
- void setDay(int _day)：用来设置 Date 类实例的 day 信息，将形式参数_day 的值赋给 Date 类实例的成员变量 day。
- int getDay()：用来获取 Date 类实例的 day 信息。
- void display()：用来显示具体 Date 类实例的所有属性信息。可以调用 cout 流对象来输出 Date 实例中的每个属性成员信息。
- Date(int _year, int _month, int _day)：Date 类的构造函数，用形式参数_year、_month、_day 来初始化一个具体 Date 类实例的成员变量 year、month、day。

【Example9.2】源代码：

```cpp
#include <iostream>
using namespace std;
class Date
{
private:
    int year ;
    int month;
    int day;
public :
    Date(int _year, int _month, int _day);
    void setYear(int _year);
    int getYear();
    void setMonth(int _month);
```

```
        int getMonth();
        void setDay(int _day);
        int getDay();
        void display();
};

Date::Date(int _year, int _month, int _day)
{
        year = _year ;
        month = _month;
        day=_day;
}
void Date::setYear(int _year)
{
        year = _year;
}

int Date::getYear()
{
        return year;
}

void Date::setMonth(int _month)
{
        month = _month;
}

int Date::getMonth()
{
        return month;
}

void Date::setDay(int _day)
{
        day = _day;
}

int Date::getDay()
{
        return day;
}

void Date::display()
{
        cout<<"year==="<<year<<endl;
        cout<<"month==="<<month<<endl;
```

```
        cout<<"day==="<<day<<endl;
    }

int main()
{
    Date date(2020,6,1);
    date.display();
    date.setMonth(12);
    date.display();
    return 0;
}
```

【Example9.2】运行结果：程序编译通过并生成可执行文件后，运行结果如图 9-2 所示。

图 9-2　【Example9.2】的运行结果

在【Example9.2】的 main（）函数中，首先使用构造函数生成一个 Date 类的实例 date，并用（2020,6,1）初始化实例变量 date；然后调用 display（）函数，显示此实例变量的所有成员变量的信息；接着调用 setMonth（12）来修改此实例变量的 month 信息；最后再次调用 display（）函数，显示 date 实例修改 month 后的所有成员变量信息。

【Example9.3】定义一个长方体类 Box，用来封装长方体的基本属性信息，在 Box 类内实现针对长方体的一些基本操作，并在主函数中验证程序的正确性。类 Box 中包含属性成员 length、width 和 height，分别表示长方体的长、宽和高。要求 Box 类可以实现如下操作。

（1）实现 Box 类中属性信息的 set/get 操作，分别用来设置和获取相应的长方体属性信息。

（2）实现 Box 类中属性信息的显示操作。

（3）实现求长方体体积的功能。

（4）实现求长方体表面积的功能。

分析：在 Box 类的定义中，私有的数据成员包括 double 类型的 length、width 和 height；公有的成员函数主要实现 set/get 操作、Box 类实例所有属性信息显示的功能、Box 实例所表示长方体体积的计算功能、Box 实例所表示长方体表面积的计算功能和 Box 类的构造函数。具体需要实现如下函数。

- Box（double _length, double _width, double _height）：Box 类的构造函数，用形式参数 _length、_width、_height 来初始化一个具体 Box 类实例的成员变量 length、width、 height。

- void setLength（double _length）：用来设置 Box 类实例的 length 信息，将形式参数 _length 的值赋给 Box 类实例的成员变量 length。
- double getLength（）：用来获取 Box 类实例的 length 信息。
- void setWidth（double _width）：用来设置 Box 类实例的 width 信息，将形式参数_width 的值赋给 Box 类实例的成员变量 width。
- double getWidth（）：用来获取 Date 类实例的 width 信息。
- void setHeight（double _height）：用来设置 Box 类实例的 height 信息，将形式参数 _height 的值赋给 Box 类实例的成员变量 height。
- double getHeight（）：用来获取 Box 类实例的 height 信息。
- void display（）：用来显示具体 Box 类实例的所有属性信息。可以调用 cout 流对象来输出 Date 实例中的每个属性成员信息。
- double getVolume（）：用来获得 Box 实例所表示长方体的体积。在 getVolume（）函数内，长方体的体积计算公式为：length*width*height。
- double getArea（）：用来获得 Box 实例所表示长方体的面积。在 getArea（）函数内，长方体的表面积的计算公式为：2*(length*width+width*height+length*height)。

【Example9.3】源代码：

```cpp
#include <iostream>
using namespace std;
class Box
{
private:
    double length;
    double width;
    double height;
public:
    Box(double _length,double _widht,double _height);
    void setLength(double _length);
    double getLength();
    void setWidth(double _width);
    double getWidth();
    void setHeight(double _height);
    double getHeight();
    void display();
    double getVolume();
    double getArea();
};

Box::Box(double _length,double _width, double _height)
{
    length = _length;
    width = _width;
```

```cpp
        height = _height;
}
void Box::setLength(double _length)
{
        length = _length;
}
double Box::getLength()
{
        return length;
}

void Box::setWidth(double _width)
{
        width = _width;
}
double Box::getWidth()
{
        return width;
}

void Box::setHeight(double _height)
{
        height = _height;
}
double Box::getHeight()
{
        return height;
}
void Box::display()
{
        cout<<"length=="<<length<<endl;
        cout<<"width=="<<width<<endl;
        cout<<"height=="<<height<<endl;
}
double Box::getVolume()
{
        return length*width*height;
}
double Box::getArea()
{
        return 2*(length*width+length*height+width*height);
}
int main()
{
        Box box(1.0,2.0,4.0);
        box.display();
        cout<<"长方体体积为: "<<box.getVolume()<<endl;
        cout<<"长方体表面积为: "<<box.getArea()<<endl;
```

```
        box.setHeight(6.0);
        cout<<"修改高度后，长方体的信息为："<<endl;
        box.display();
        cout<<"长方体体积为："<<box.getVolume()<<endl;
        cout<<"长方体表面积为："<<box.getArea()<<endl;
        return 0;
    }
```

【Example9.3】运行结果：程序编译通过并生成可执行文件后，运行结果如图 9-3 所示。

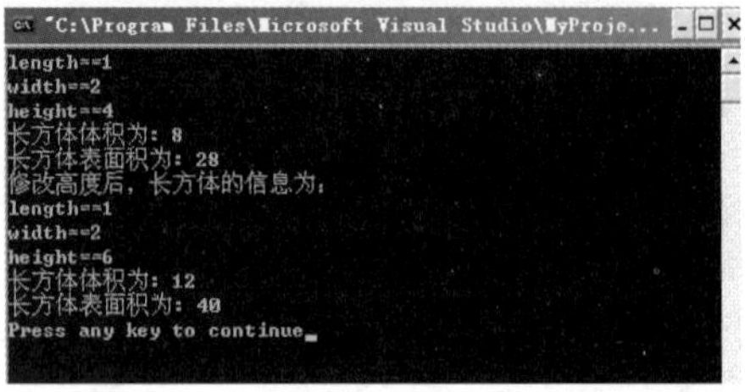

图 9-3　【Example9.3】的运行结果

在【Example9.3】的 main() 函数中，首先使用构造函数生成一个 Box 类的实例 box，并用 (1.0,2.0,4.0) 初始化实例变量 box；然后调用函数，显示此实例变量所表示长方体的长、宽、高、体积和表面积；接着调用 setHeight(6.0)，来修改此实例变量所表示的长方体 height 信息；最后再次显示 box 实例修改 height 后的所有长方体的信息：长、宽、高、体积和表面积。

9.3　实　验　内　容

（1）在【Example9.1】的基础上实现如下函数，并在 main() 函数中验证函数的正确性。

① 实现 ageIncrement() 函数，其功能为在学生原有年龄基础上加 1。

② 实现 saveToFile(string path) 函数，其功能为将学生信息写到磁盘文件中，文件的路径用字符串 path 表示。

③ 实现 loadFromFile(string path) 函数，其功能为将磁盘文件中的 id、name、age 信息赋值给 Student 实例的 id、name、age 等成员变量。文件的路径用字符串 path 表示。

（2）在【Example9.2】的基础上实现如下函数，并在 main() 函数中验证函数的正确性。

① 实现 nextDay() 函数，其功能为在当前 Date 实例所表示日期基础上加 1 天。例如，实例 date 表示 2020-7-21，那么 date.nextDay() 将使实例 date 的 day 成员值加 1。

② 实现 isLeapYear() 函数，其功能为判断当前 Date 实例所表示日期中的年份是否为闰年。

（3）在【Example9.3】的基础上实现如下函数，并在 main() 函数中验证函数的正确性。

实现 isCube() 函数，其功能为判断 Box 实例所表示的长方体是否为正方体。

实验 10　C++继承与派生编程设计

10.1　实　验　目　的

通过本章实验内容，实现如下学习目标：
- 深入理解继承和派生的概念及继承和派生在软件研发中的作用。
- 熟练掌握公有继承、保护继承和私有继承时，基类成员在派生类中的访问规则。
- 熟练掌握派生类构造函数和析构函数执行的顺序。
- 深入理解由基类生成派生类时，产生二义性问题的原因。
- 熟练掌握解决二义性问题的方法。

10.2　示　例　程　序

【Example10.1】在一个简单的大学教务管理系统中存在学生、教师等类型的人员。利用类的继承和派生的方式给出这两类人员的类描述。学生类的信息包括 id、姓名、性别、年龄、班级和专业；教师类的信息包括 id、姓名、性别、年龄、部门和职称。要求在每个类中都可以实现每个数据成员的设置/获取操作及类实例信息的显示功能。

分析：可以设计三个类，即 Person、Student 和 Teacher。Person 类作为 Student 类和 Teacher 类的基类，封装 Student 类和 Teacher 类的一些公共的数据成员和成员函数，如 id、姓名、性别和年龄信息等。Student 类派生自 Person 类，并额外具有数据成员：班级和专业，以及对应的操作额外数据成员的函数。Teacher 类派生自 Person 类，并额外具有数据成员：部门和职称，以及对应的操作额外数据成员的函数。

（1）在 Person 类中需要实现如下函数。
- Person(int _id, string _name, string _sex, int _age)：Person 类的构造函数，用形式参数 _id,_name,_sex,_age 来初始化一个具体 Person 类实例的成员变量 id,name,sex,age。
- void setId(int _id)：用来设置 Person 类实例的 id 信息，将形式参数_id 的值赋给 Person 类实例的成员变量 id。
- int getId()：用来获取 Person 类实例的 id 信息。
- void setName(string _name)：用来设置 Person 类实例的 name 信息，将形式参数_name 的值赋给 Person 类实例的成员变量 name。
- string getName()：用来获取 Person 类实例的 name 信息。

- void setSex（string _sex）：用来设置 Person 类实例的 sex 信息，将形式参数_sex 的值赋给 Person 类实例的成员变量 sex。
- string getSex（）：用来获取 Person 类实例的 sex 信息。
- void setAge（int _age）：用来设置 Person 类实例的 age 信息，将形式参数_age 的值赋给 Person 类实例的成员变量 age。
- int getAge（）：用来获取 Person 类实例的 age 信息。
- void display（）：用来显示具体 Person 类实例的所有属性信息。可以调用 cout 流对象来输出 Person 实例中的每个成员信息。

（2）在 Student 类中需要实现如下函数。

- void setClassId（string _classId）：用来设置 Student 类实例的 classId 信息，将形式参数_classId 的值赋给 Student 类实例的成员变量 classId。
- string getClassId（）：用来获取 Student 类实例的 classId 信息。
- void setMajor（string _major）：用来设置 Student 类实例的 major 信息，将形式参数_major 的值赋给 Student 类实例的成员变量 major。
- string getMajor（）：用来获取 Student 类实例的 major 信息。
- void display（）：用来显示具体 Student 类实例的所有属性信息。

（3）在 Teacher 类中需要实现如下函数。

- void setDepartment（string _department）：用来设置 Teacher 类实例的 department 信息，将形式参数_department 的值赋值给 Teacher 类实例的成员变量 department。
- string getDepartment（）：用来获取 Teacher 类实例的 department 信息。
- void setTitle（string _title）：用来设置 Teacher 类实例的 title 信息，将形式参数_title 的值赋给 Teacher 类实例的成员变量 title。
- string getTitle（）：用来获取 Teacher 类实例的 title 信息。
- void display（）：用来显示具体 Teacher 类实例的所有属性信息。

【Example10.1】源代码：

```cpp
#include <iostream>
#include <string>
using namespace std;
class Person
{
private :
    int id ;
    string name;
    string sex;
    int age;
public :
    Person(int _id,string _name,string _sex,int _age);
    void setId(int _id);
    int getId();
    void setName(string _name);
```

```cpp
    string getName();
    void setSex(string _sex);
    string getSex();
    void setAge(int _age);
    int getAge();
    void display();
};
Person::Person(int _id,string _name,string _sex,int _age)
{
    id = _id ;
    name = _name ;
    sex = _sex ;
    age = _age;
}
void Person::setId(int _id)
{
    id = _id ;
}
int Person::getId()
{
    return id ;
}
void Person::setName(string _name)
{
    name = _name;
}
string Person::getName()
{
    return name ;
}
void Person::setSex(string _sex)
{
    sex = _sex;
}
string Person::getSex()
{
    return sex;
}
void Person::setAge(int _age)
{
    age = _age;
}
int Person::getAge()
{
    return age;
}
void Person::display()
```

```
    {
        cout<<"id=="<<getId()<<endl;
        cout<<"name=="<<getName()<<endl;
        cout<<"sex=="<< getSex()<<endl;
        cout<<"age=="<< getAge()<<endl;
    }

class Student:public Person
{
private:
    string classId;
    string major;
public:
    Student(int _id,string _name,string _sex,int _age,string _classId,
string _major);
    void setClassId(string _classId);
    string getClassId();
    void setMajor(string _major);
    string getMajor();
    void display();
};

Student::Student(int _id,string _name,string _sex,int _age,string
_classId, string _major):Person(_id,_name,_sex,_age)
    {
        classId = _classId;
        major = _major;
    }
void Student::setClassId(string _classId)
    {
        classId = _classId;
    }
string Student::getClassId()
    {
        return classId;
    }
void Student::setMajor(string _major)
    {
        major = _major;
    }
string Student::getMajor()
    {
        return major;
    }
void Student::display()
    {
        Person::display();
```

```cpp
        cout<<"classid=="<<getClassId()<<endl;
        cout<<"major=="<<getMajor()<<endl;
    }

    class Teacher:public Person
    {
    private :
        string department;   //部门
        string title;         //职称
    public:
        Teacher(int _id,string _name,string _sex,int _age,string
_department, string _title);
        void setDepartment(string _department);
        string getDepartment();
        void setTitle(string _title);
        string getTitle();
        void display();
    };
    Teacher::Teacher(int _id,string _name,string _sex,int _age,string
_department, string _title):Person(_id,_name,_sex,_age)
    {
        department = _department;
        title = _title;
    }
    void Teacher::setDepartment(string _department)
    {
        department = _department;
    }
    string Teacher::getDepartment()
    {
        return department;
    }
    void Teacher::setTitle(string _title)
    {
        title = _title;
    }
    string Teacher::getTitle()
    {
        return title;
    }

    void Teacher::display()
    {
        Person::display();
        cout<<"department=="<<getDepartment()<<endl;
        cout<<"title =="<<getTitle()<<endl;
    }
```

```
int main()
{
    //Person person(10,"tom","M",30);
    //person.display();
    Student stu(10,"tom","M",20,"180001","软件工程");
    stu.display();
    Teacher teacher(10001,"jack","M",30,"computer scicence","Prof");
    teacher.display();
    return 0;
}
```

【Example10.1】运行结果：程序编译通过并生成可执行文件后，运行结果如图 10-1 所示。

图 10-1 【Example10.1】的运行结果

【Example10.2】在 IT 公司人事管理系统中，存在不同类型的员工：工程师、项目经理、销售人员等。利用类的继承和派生的方式给出 IT 公司人事管理系统中工程师和销售人员的类描述。工程师类的信息包括 id、姓名、性别、年龄、部门、基本工资和技术特长；销售人员的信息包括 id、姓名、性别、年龄、部门、基本工资和负责区域。要求在每个类中都可以实现每个数据成员的设置/获取操作及类实例信息的显示功能。

分析：与【Example10.1】类似，可以设计三个类，即 Employee、Engineer 和 Salesman。Employee 类作为 Engineer 类和 Salesman 类的基类，封装 Engineer 类和 Salesman 类的一些公共的数据成员和成员函数，如 id、姓名、性别、年龄信息、部门和基本工资等。Engineer 类派生自 Employee 类，是工程师的抽象表示。除了从 Employee 类继承基本的成员，还额外具有数据成员：技术特长，以及对应的操作额外数据成员的函数。Salesman 类派生自 Employee 类，是销售人员的抽象。除了从 Employee 类继承基本的成员，还额外具有数据成员：负责区域，以及对应的操作额外数据成员的函数。

（1）在 Employee 类中需要实现如下函数。

- Employee(int _id, string _name,string _sex,int _age,string _department,int _salary)：
  Employee 类的构造函数，用形式参数 _id、_name、_sex、_age、_department、_salary 来初始化一个具体 Employee 类实例的成员变量 id、name、sex、age、department、

salary。

- void setId（int _id）：用来设置 Employee 类实例的 id 信息，将形式参数_id 的值赋给 Employee 类实例的成员变量 id。
- int getId（）：用来获取 Employee 类实例的 id 信息。
- void setName（string _name）：用来设置 Employee 类实例的 name 信息，将形式参数 _name 的值赋给 Employee 类实例的成员变量 name。
- string getName（）：用来获取 Employee 类实例的 name 信息。
- void setSex（string _sex）：用来设置 Employee 类实例的 sex 信息，将形式参数_sex 的值赋给 Employee 类实例的成员变量 sex。
- string getSex（）：用来获取 Employee 类实例的 sex 信息。
- void setAge（int _age）：用来设置 Employee 类实例的 age 信息，将形式参数_age 的值赋给 Employee 类实例的成员变量 age。
- int getAge（）：用来获取 Employee 类实例的 age 信息。
- void setDepartment（string _department）：用来设置 Employee 类实例的 department 信息，将形式参数_department 的值赋给 Employee 类实例的成员变量 department。
- string getDepartment（）：用来获取 Employee 类实例的 department 信息。
- void setSalary（int _salary）：用来设置 Employee 类实例的 salary 信息，将形式参数 _salary 的值赋给 Employee 类实例的成员变量 salary。
- int getSalary（）：用来获取 Employee 类实例的 salary 信息。
- void display（）：用来显示具体 Employee 类实例的所有属性信息。可以调用 cout 流对象来输出 Employee 实例中的每个成员信息。

（2）在 Engineer 类中需要实现如下函数。

- void setSpeciality（string _speciality）：用来设置 Engineer 类实例的 speciality 信息，将形式参数_speciality 的值赋给 Engineer 类实例的成员变量 speciality。
- string getSpeciality（）：用来获取 Engineer 类实例的 speciality 信息。
- void display（）：用来显示具体 Engineer 类实例的所有属性信息。

（3）在 Salesman 类中需要实现如下函数。

- void setResArea（string _resArea）：用来设置 Salesman 类实例的 resArea 信息，将形式参数_resArea 的值赋给 Salesman 类实例的成员变量 resArea。
- string getResArea（）：用来获取 Salesman 类实例的 resArea 信息。
- void display（）：用来显示具体 Salesman 类实例的所有属性信息。

【Example10.2】源代码：

```cpp
#include <iostream>
#include <string>
using namespace std;
class Employee
{
private :
```

```cpp
        int id ;
        string name;
        string sex;
        int age;
        string department;
        int salary;
    public :
        Employee(int _id,string _name,string _sex,int _age,string
_department, int _salary);
        void setId(int _id);
        int getId();
        void setName(string _name);
        string getName();
        void setSex(string _sex);
        string getSex();
        void setAge(int _age);
        int getAge();
        void setDepartment(string _department);
        string getDepartment();
        void setSalary(int _salary);
        int getSalary();
        void display();
    };
    Employee::Employee(int _id,string _name,string _sex,int _age,string
_department,int _salary)
    {
        id = _id ;
        name = _name ;
        sex = _sex ;
        age = _age;
        department = _department;
        salary = _salary;
    }
    void Employee::setId(int _id)
    {
        id = _id ;
    }
    int Employee::getId()
    {
        return id ;
    }
    void Employee::setName(string _name)
    {
        name = _name;
    }
    string Employee::getName()
    {
```

```cpp
        return name ;
}
void Employee::setSex(string _sex)
{
    sex = _sex;
}
string Employee::getSex()
{
    return sex;
}
void Employee::setAge(int _age)
{
    age = _age;
}
int Employee::getAge()
{
    return age;
}
void Employee::setDepartment(string _department)
{
    department = _department;
}
string Employee::getDepartment()
{
    return department;
}
void Employee::setSalary(int _salary)
{
    salary = _salary;
}
int Employee::getSalary()
{
    return salary;
}
void Employee::display()
{
    cout<<"id=="<<getId()<<endl;
    cout<<"name=="<<getName()<<endl;
    cout<<"sex=="<< getSex()<<endl;
    cout<<"age=="<< getAge()<<endl;
    cout<<"Department=="<< getDepartment()<<endl;
    cout<<"salary=="<< getSalary()<<endl;
}

class Engineer:public Employee
{
private:
```

```
        string speciality;

    public:
        Engineer(int _id,string _name,string _sex,int _age,string
_department, int _salary,string _speciality);
        void setSpeciality(string _speciality);
        string getSpeciality();
        void display();
    };

    Engineer::Engineer(int _id,string _name,string _sex,int _age,string
_department, int _salary,string
_speciality):Employee(_id,_name,_sex,_age,_department,_salary)
    {
        speciality = _speciality;
    }
    void Engineer::setSpeciality(string _speciality)
    {
        speciality = _speciality;
    }
    string Engineer::getSpeciality()
    {
        return speciality;
    }

    void Engineer::display()
    {
        Employee::display();
        cout<<"speciality=="<<getSpeciality()<<endl;
    }

    class Salesman:public Employee
    {
    private :
        string resArea;
    public:
        Salesman(int _id,string _name,string _sex,int _age,string
_department, int _salary,string _resArea);
        void setResArea(string _resArea);
        string getResArea();
        void display();
    };
    Salesman::Salesman(int _id,string _name,string _sex,int _age,string
_department, int _salary,string
_resArea):Employee(_id,_name,_sex,_age,_department,_salary)
    {
        resArea = _resArea;
```

```
    }
    void Salesman::setResArea(string _resArea)
    {
        resArea = _resArea;
    }
    string Salesman::getResArea()
    {
        return resArea;
    }
    void Salesman::display()
    {
        Employee::display();
        cout<<"resArea=="<<getResArea()<<endl;
    }
    int main()
    {
        Engineer engineer(10,"tom","M",20,"移动应用",10000,"C++");
        engineer.display();
        Salesman salesman(10001,"jack","M",30,"大客户市场",15000,"华中");
        salesman.display();
        return 0;
    }
```

【Example10.2】运行结果：程序编译通过并生成可执行文件后，运行结果如图 10-2 所示。

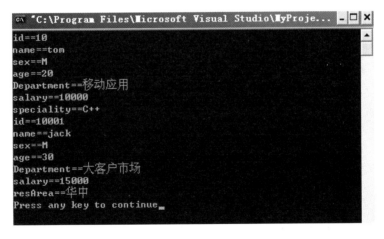

图 10-2 【Example10.2】的运行结果

10.3 实 验 内 容

（1）在【Example10.1】的基础上，利用类的继承和派生方式定义研究生类 GraduateStudent。研究生类 GraduateStudent 除了在 Student 类中定义的一般属性，还具有指导导师（mentor）这个属性。在 GraduateStudent 类中，实现 mentor 属性成员 set/get 操作和所有属性成员的显示功能。

（2）在一个简单的电子商务系统中，存在各种类型的商品，如食品、书籍、电子产品等。食品一般具有 id、名称、生产日期、单价、质量和生产厂家等属性；书籍一般具有 id、书名、作者、单价、出版社和出版日期等属性。电子产品一般具有 id、产品名称、生产日期、单价、生产厂家和尺寸等属性。利用类的继承和派生方式定义简单电子商务系统的食品类、书籍类和电子产品类。在每个类中，都实现对每种属性的 set/get 操作及所有属性的显示功能。

实验 11　C++函数重载

11.1　实　验　目　的

通过本章实验内容，实现如下学习目标：
- 深入理解函数重载的形式和调用机制。
- 深入理解静态联编和动态联编的概念、静态联编和动态联编之间的区别，以及静态联编和动态联编各自的实现方法。
- 掌握运算符重载的方法。
- 熟练掌握虚函数和抽象类的概念，以及虚函数和抽象类的使用方法。

11.2　示　例　程　序

【Example11.1】重载 print()函数，根据参数的数据类型：整型、实数和字符串，调用相应的 print()函数，并将参数值输出。

分析：本示例是一个简单的函数重载，通过本示例演示函数重载的使用方法。定义三个函数：print(int i)、print(double d)和 print(string str)。在 main()函数执行时，将根据实际参数的数据类型来决定调用具体的函数执行。例如，实际参数为"ABCD"，其是 string 数据类型，将调用 print(string str)函数执行。

【Example11.1】源代码：

```
#include<iostream>
#include<string>
using namespace std;
void print(int i)
{
    cout<<"print a integer :"<<i<<endl;
}
void print(double d)
{
    cout<<"print a double :"<<d<<endl;
}

void print(string str)
```

```
    {
        cout<<"print a string :"<<str<<endl;
    }

    int main()
    {
        print(12);
        print(12.3);
        print("hello world!");
        return 0;
    }
```

【Example11.1】运行结果：程序编译通过并生成可执行文件后，运行结果如图 11-1 所示。

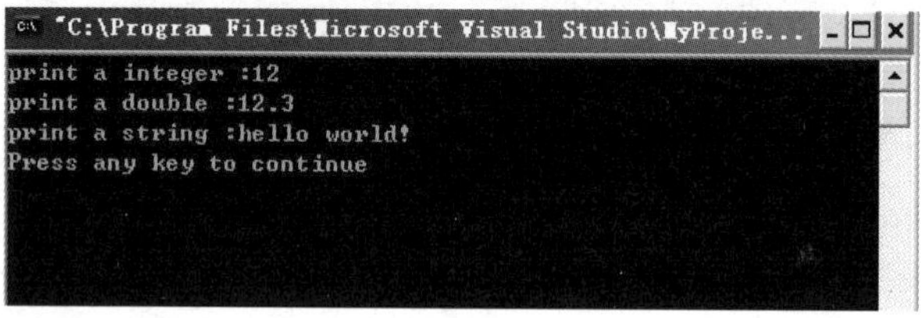

图 11-1 【Example11.1】的运行结果

在【Example11.1】的 main()函数中，首先调用 print(12)，实际参数 12 为整型数据，因此实际调用 print(int i)函数执行；接着调用 print(12.3)，实际参数 12.3 为实型数据类型，因此实际调用 print(double d)函数执行；最后，由于"hello world!"是 string 类型，所以调用 print(string str)函数执行。

【Example11.2】定义复数类 Complex。Complex 类的数据成员为 real 和 image，分别表示复数的实数部分和虚数部分。在 Complex 类中实现所有数据成员的 set/get 操作和数据成员值的显示功能。另外，在 Complex 类上利用成员函数重载如下运算符。

+: Complex 类实例的加法运算符，其规则为 $(a+bi)+(c+di)=(a+c)+(b+d)i$。

−: Complex 类实例的减法运算符，其规则为 $(a+bi)-(c+di)=(a-c)+(b-d)i$。

*: Complex 类实例的乘法运算符，其规则为 $(a+bi)*(c+di)=(ac-bd)+(ad+bc)i$。

/: Complex 类实例的除法运算符，其规则为 $(a+bi)/(c+di)=((a+bi)*(c+di))/(c^2+d^2)$。

分析：在 Complex 类中，除了需要定义私有的数据成员 real 和 image，还要实现如下函数。

- Complex()：Complex 类的无参构造函数，在此构造函数内初始化成员变量 real=0，image=0。
- Complex(double _real, double _image)：Complex 类的构造函数，用形式参数_real、_image 来初始化一个具体 Complex 类实例的成员变量 real、image。
- void setReal(double _real)：用来设置 Complex 类实例的 real 部分，将形式参数_real 的值赋给 Complex 类实例的成员变量 real。
- double getReal()：用来获取 Complex 类实例的 real 部分。

- void setImage（double _image）：用来设置 Complex 类实例的 image 部分，将形式参数_image 的值赋给 Complex 类实例的成员变量 image。
- double getImage（）：用来获取 Complex 类实例的 image 部分。
- void display（）：用来显示 Complex 类实例的所有属性信息。
- Complex operator+（Complex c）：重载 Complex 实例加法运算符。
- Complex operator−（Complex c）：重载 Complex 实例减法运算符。
- Complex operator*（Complex c）：重载 Complex 实例乘法运算符。
- Complex operator/（Complex c）：重载 Complex 实例除法运算符。

【Example11.2】源代码：

```cpp
#include <iostream>
using namespace std;

class Complex
{
private :
    double real;
    double image;
public :
    Complex();
    Complex(double _real, double _image);
    void setReal(double _real);
    double getReal();
    void setImage(double _image);
    double getImage();
    void display();
    //运算符重载部分
    Complex operator+(Complex c);
    Complex operator-(Complex c);
    Complex operator*(Complex c);
    Complex operator/(Complex c);
};
Complex::Complex()
{
    real = 0;
    image = 0;
}
Complex::Complex(double _real, double _image)
{
    real = _real;
    image = _image;
}
void Complex::setReal(double _real)
{
    real = _real;
```

```
}
double Complex::getReal()
{
    return real;
}
void Complex::setImage(double _image)
{
    image = _image;
}
double Complex::getImage()
{
    return image;
}
void Complex::display()
{
    cout<<"--The information of complex:--"<<endl;
    cout<<"real == "<<getReal()<<endl;
    cout<<"image == "<<getImage()<<endl;
}
Complex Complex::operator+(Complex c)
{
    Complex temp ;
    temp.real = real+c.getReal();
    temp.image= image+c.getImage();
    return temp;
}
Complex Complex::operator-(Complex c)
{
    Complex temp ;
    temp.real = real-c.getReal();
    temp.image= image-c.getImage();
    return temp;
}
Complex Complex::operator*(Complex c)
{
    Complex temp ;
    temp.real = real*c.getReal()- image* c.getImage();
    temp.image= real*c.getImage()+ image* c.getReal();
    return temp;
}
Complex Complex::operator/(Complex c)
{
    Complex temp ;
    double t = 1/(c.getReal()*c.getReal()+ c.getImage()*c.getImage());
    temp.real = real*c.getReal()- image* c.getImage()* t;
    temp.image= real*c.getImage()+ image* c.getReal()* t;
    return temp;
```

```
    }
int main()
{
    Complex c1(1,2);
    c1.display();
    Complex c2(3,4);
    c2.display();
    Complex c3 = c1+c2;          //Complex c3 = c1.operator +(c2);
    c3.display();
    c3=c1-c2;                    //c3=c1.operator -(c2);
    c3.display();
    c3=c1*c2;                    //c3=c1.operator *(c2);
    c3.display();
    c3=c1/c2;                    //c3=c1.operator /(c2);
    c3.display();
    return 0 ;
}
```

【Example11.2】运行结果：程序编译通过并生成可执行文件后，运行结果如图 11-2 所示。

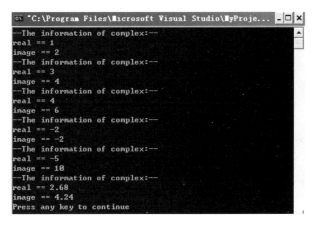

图 11-2　【Example11.2】的运行结果

在【Example11.2】的 main()函数中，Complex 类实例之间的+、－、*、/运算符都是采用的隐式方式调用运算符重载函数，相应的运算符重载函数显式调用代码都注释在隐式代码的后面。两种调用方式是等价的。

【Example11.3】定义抽象基类 Figure（一般形状）。由 Figure 类派生 Triangle 类（三角形）、Circle 类（圆形）。抽象类 Figure 为其他派生类提供一个求各种形状面积的公共界面，在各派生类中实现求各自形状面积的函数。在 main()函数中通过 Figure 类的指针变量调用各派生类求面积函数，验证程序的正确性。

分析：在抽象基类 Figure 中定义虚函数或纯虚函数 getArea()，为其派生类提供对外的统一接口。在派生类 Triangle 和 Circle 中根据各自具体面积计算公式实现求面积函数。在 main()函数中，首先定义 Figure 类型的指针变量，由 Figure 类型的指针变量依次指向

Triangle 和 Circle 类型的实例，通过动态调用这些实例的 getArea() 函数求各自形状的面积。

（1）在抽象基类 Figure 中定义如下纯虚函数。

virtual double getArea()=0：为派生类提供求面积的公共接口。

（2）在 Triangle 类中除了定义数据成员 base（三角形底）和 height（三角形高），还需要实现如下函数。

- Triangle(double _base,double _height)：Triangle 类的构造函数，用形式参数 _base、_height 来初始化一个具体 Triangle 类实例的成员变量 base、height。
- void setBase(double _base)：用来设置 Triangle 类实例 base 成员，将形式参数 _base 的值赋给 Triangle 类实例的成员变量 base。
- double getBase()：用来获取 Triangle 类实例的 base 信息。
- void setHeight(double _height)：用来设置 Triangle 类实例 height 成员，将形式参数 _height 的值赋给 Triangle 类实例的成员变量 height。
- double getHeight()：用来获取 Triangle 类实例的 height 信息。
- virtual double getArea()：Figure 类中的纯虚函数在派生类 Triange 中的实现，用来计算三角形的面积。三角形的面积计算公式为：(base*height)/2。

（3）在 Circle 类中除了定义数据成员 radius（圆半径），还需要实现如下函数。

- Circle(double _radius)：Circle 类的构造函数，用形式参数 _radius 来初始化一个具体 Circle 类实例的成员变量 radius。
- void setRadius(double _radius)：用来设置 Circle 类实例 radius 成员，将形式参数 _radius 的值赋给 Circle 类实例的成员变量 radius。
- double getRadius()：用来获取 Circle 类实例的 radius 信息。
- virtual double getArea()：Figure 类中的纯虚函数在派生类 Circle 中的实现，用来计算圆形的面积。圆形的面积计算公式为：3.14*getRadius()*getRadius()。

【Example11.3】源代码：

```cpp
#include <iostream>
using namespace std;
class Figure
{
public :
    virtual double getArea()=0;
};

class Triangle:public Figure
{
private:
    double base;
    double height;
public:
    Triangle(double _base,double _height);
    void setBase(double _base);
```

```
        double getBase();
        void setHeight(double _height);
        double getHeight();
        virtual double getArea();
};
Triangle::Triangle(double _base,double _height)
{
        base = _base;
        height = _height;
}
void Triangle::setBase(double _base)
{
        base = _base;
}
double Triangle::getBase()
{
        return base;
}
void Triangle::setHeight(double _height)
{
        height = _height;
}
double Triangle::getHeight()
{
        return height;
}
double Triangle::getArea()
{
        return (base*height)/2;
}

class Circle:public Figure
{
private:
        double radius;
public:
        Circle(double _radius);
        void setRadius(double _radius);
        double getRadius();
        virtual double getArea();
};
Circle::Circle(double _radius)
{
        radius = _radius;
}
void Circle::setRadius(double _radius)
{
```

```
        radius = _radius;
    }
    double Circle::getRadius()
    {
        return radius;
    }
    double Circle::getArea()
    {
        return 3.14*getRadius()*getRadius();
    }
    int main()
    {
        Figure *figure;
        Triangle triangle(10,20);
        Circle circle(4);
        figure = &triangle;
        cout<<"三角形的面积为: "<<figure->getArea()<<endl;
        figure = &circle;
        cout<<"圆的面积为: "<<figure->getArea()<<endl;
        return 0 ;
    }
```

【Example11.3】运行结果：程序编译通过并生成可执行文件后，运行结果如图 11-3 所示。

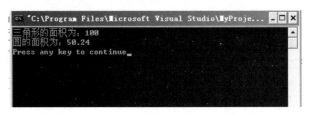

图 11-3 【Example11.3】的运行结果

在【Example11.3】的 main() 函数中，首先定义一个 Figure 类型的指针变量 figure 和 Triangle 类与 Circle 类的实例；然后使 figure 指针变量依次指向 Triangle 类和 Circle 类的实例，并调用每个实例的计算面积函数。通过纯虚函数实现了 getArea() 函数的动态调用。

11.3 实 验 内 容

（1）在【Example11.2】的基础上，利用友元函数重载 Complex 类的+、−、*、/运算符，并在 main() 函数中验证其正确性。

（2）在【Example11.2】的基础上，重载如下运算符并在 main() 函数中验证程序的正确性。

① >：Complex 类实例之间的比较大小运算符。两个复数 a+bi 和 c+di 之间，如果 $a^2+b^2>c^2+d^2$，则运算符函数返回 1；否则返回 0。

②　==：Complex 类实例之间的相等运算符。两个复数 a+bi 和 c+di 之间，如果 a=c 且 b=d，则运算符函数返回 1；否则返回 0。

③　!=：Complex 类实例之间的不等运算符。两个复数 a+bi 和 c+di 之间，如果 a!=c 或 b!=d，则运算符函数返回 1；否则返回 0。

（3）在【Example11.3】的基础上，由 Figure 类派生 Square 类（表示正方形），在 Square 类中实现求面积函数，并在 main（）函数中验证程序的正确性。

实验 12 C++模板编程设计

12.1 实 验 目 的

通过本章实验内容，实现如下学习目标：
- 了解函数模板、类模板与模板函数、模板类的关系。
- 熟练掌握函数模板、类模板的定义和使用方法。
- 熟练掌握利用函数模板和类模板进行软件研发。

12.2 示 例 程 序

【Example12.1】定义求两数最大值的函数模板，并在 main()函数中验证程序的正确性。

分析：根据题目的要求，需要定义一个函数模板 max(T number1,T number2)。函数模板 max(T number1,T number2)根据模板实参的数据类型生成不同的模板函数，实现求不同数据类型形参 number1 和 number2 的最大值。

【Example12.1】源代码：

```
#include <iostream>
using namespace std;
template <typename T>
T max(T number1,T number2)
{
    return (number1>number2)?number1:number2;
}
int main()
{
    int num1=10;
    int num2 = 20;
    double d1 =21.2;
    double d2 = 2.3;
    char a1='A';
    char a2='Z';
    cout<<"较大的整数为: "<<max(num1,num2)<<endl;
```

```
    cout<<"较大的实数为: "<<max(d1,d2)<<endl;
    cout<<"较大的字符为: "<<max(a1,a2)<<endl;
    return 0;
}
```

【Example12.1】运行结果: 程序编译通过并生成可执行文件后, 运行结果如图 12-1 所示。

图 12-1　【Example12.1】的运行结果

在【Example12.1】的 main()函数中, 首先定义变量 num1、num2、d1、d2、c1 和 c2, 并进行简单初始化; 调用 max(num1,num2)时, 将类型参数 T 实例化为 num1 和 num2 的数据类型 int, 模板函数 max(num1,num2)的功能为求两整数的最大值; 调用 max(d1,d2)时, 将类型参数 T 实例化为 d1 和 d2 的数据类型 double。模板函数 max(d1,d2)的功能为求两实数的最大值; 调用 max(c1,c2)时, 将类型参数 T 实例化为 c1 和 c2 的数据类型 char, 模板函数 max(c1,c2)的功能为求两字符的最大值。

【Example12.2】定义求数组和的函数模板, 并在 main()函数中验证程序的正确性。

分析: 需要定义一个函数模板 getSum(), 可以实现求整型数组和实数型数组元素的和。在函数模板 getSum()内, 需要定义一个指针变量 array 和一个整型变量 size, 分别用来表示求和数组的首地址和数组的大小, 函数模板 getSum()的返回值类型和指针变量 array 的类型为类型参数 T。函数模板 getSum ()根据模板实参的数据类型生成不同的模板函数, 实现求不同数据类型数组元素的和。

【Example12.2】源代码:

```
#include <iostream>
using namespace std;
template <typename T>
T getSum(T *array,int size)
{
    T total = 0;
    for(int i=0 ; i< size ;i++)
    {
        total = total+array[i];
    }
    return total ;
}
int main()
{
    int int_array[10]={1,2,3,4,5,6,7,8,9,10};
```

```
        double
double_array[10]={1.1,2.2,3.3,4.4,5.5,6.6,7.7,8.8,9.9,10.1};
        int int_total=getSum(int_array,10);
        double double_total = getSum(double_array,10);
        cout<<"整数数组的和为: "<<int_total<<endl;
        cout<<"实数数组的和为: "<<double_total<<endl;
        return 0;
    }
```

【Example12.2】运行结果：程序编译通过并生成可执行文件后，运行结果如图 12-2 所示。

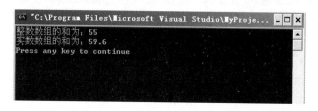

图 12-2 【Example12.2】的运行结果

在【Example12.2】的 main()函数中，首先定义整型数组int_array 和实型数组double_array，以及 int_total 和 double_total，分别用来存储整型数组元素之和及实型数组元素之和；调用 getSum(int_array,10)时，由于 int_array 是 int 类型数组的数组名，因此将类型参数 T 实例化为数据类型 int，模板函数 getSum(int_array,10)的功能为计算 int_array 数组中所有元素之和；调用 getSum(double_array,10)时，由于 double_array 是 double 类型数组的数组名，因此将类型参数 T 实例化为数据类型 double，模板函数 getSum(double_array,10)的功能为计算 double_array 数组中所有元素之和。

12.3 实 验 内 容

（1）定义求三个数中最小值的函数模板，并在 main()函数中验证程序的正确性。

（2）定义对数组元素进行冒泡排序的函数模板，可以实现对 int、float 和 double 类型的数组元素进行排序，并在 main()函数中验证程序的正确性。

实验 13　C++输入/输出操作编程设计

13.1　实　验　目　的

通过本章实验内容，实现如下学习目标：

- 深入理解 C++的输入/输出流概念。
- 熟练掌握利用 C++的输入/输出流对 C++系统预定义的标准数据类型进行输入/输出操作。
- 熟练掌握利用 C++的输入/输出流对文件进行操作。

13.2　示　例　程　序

【Example13.1】利用 C++的输入/输出流，读 D 盘下 input.txt 文件的内容，并将 input.txt 文件的所有内容显示在屏幕上。

分析： 可以利用 C++流类库中的 ifstream 来实现对文件的读操作。在文件读指针未到达文件的结束标识之前，逐个读出文件中的字符，然后输出字符。

实现【Example13.1】具体步骤如下。

（1）定义 ifstream 类的对象（实例）infile，通过对象 infile 实现对文件的操作。

（2）定义字符变量 ch，用来保存从文件读出的字符。

（3）调用 infile 对象的 open()函数，以读的方式打开文件。如果打开文件失败，则打印提示信息，并退出程序执行。

（4）利用 infile.get()函数读出文本文件 input.txt 中的第一个字符，并赋值给字符变量 ch。

（5）在 while 循环中，判断文件读指针是否到达文件末尾。如果文件读指针没有到达文件末尾，则利用预定义的标准输出流对象 cout 输出字符变量 ch；如果文件读指针到达文件末尾，则结束 while 循环，跳到步骤（7）执行。

（6）利用 infile.get()函数读出文本文件中的下一个字符，并赋值给字符变量 ch，然后跳到步骤（5）执行。

（7）结束 while 循环后，调用 infile.close()函数关闭文件。

【Example13.1】源代码：

```
#include <fstream.h>
int main()
{
    ifstream infile;
    char ch ;
    infile.open("D:\\input.txt",ios::in);
    if(!infile)
    {
        cout<<"打开文件失败！"<<endl;
        return 1;
    }
    ch = infile.get();
    cout<<"D:\\input.txt 文件中的内容为："<<endl;
    while(!infile.eof())
    {
        cout<<ch;
        ch = infile.get();
    }
    infile.close();
    cin.get();
    return 0 ;
}
```

【Example13.1】运行结果：程序编译通过并生成可执行文件后，运行结果如图 13-1 所示。

图 13-1 【Example13.1】的运行结果

注意事项：在【Example13.1】中实现了将 D:\input.txt 文件中的字符逐个读出并显示的操作，还可以将该文件中的内容逐行读出，然后显示在屏幕上，源代码如下：

```
#include <fstream.h>
int  main()
{
    char buffer[256];
    ifstream readFile;
    readFile.open("D:\\input.txt",ios::in);
    if(readFile.is_open())
    {
        cout<<"D:\\input.txt"<<" 的内容如下:"<<endl;
        while(!readFile.eof())
        {
            readFile.getline(buffer,256,'\n');
```

```
                    //getline(char *,int,char)表示该行字符达到256个或遇到换行就结束
                    cout<<buffer<<endl;
                }
                readFile.close();
        }
        else
        {
            cout<<"打开文件失败！"<<endl;
            return 1;


        }
        cout<<"读文件完成！"<<endl;
        return 0;
    }
```

【Example13.2】利用 C++的输入/输出流，从键盘输入多行字符串，以'#'作为结束标志，将字符串全部写到 D:\output.txt 文件中。

分析：类似于【Example13.1】，可以利用 C++流类库中的 ofstream 来实现对文件的写操作。首先以写的方式打开 D:\output.txt 文件，然后读入从键盘输入的字符，在输入'#'之前，调用 ofstream 的 put()函数将键盘输入的字符全部写到文件中。具体的实现步骤如下。

（1）定义 ofstream 类的对象（实例）writeFile，通过 writeFile 对象实现对文件的操作。

（2）定义字符变量 ch，用来保存从键盘输入的字符。

（3）调用 writeFile 对象的 open()函数，以写的方式打开文件。如果打开文件失败，则打印提示信息，并退出程序执行。

（4）调用 cin.get()函数接收从键盘输入的第一个字符，并将其赋值给字符变量 ch。

（5）在 while 循环中，判断字符 ch 是否为'#'。如果不是'#'，则调用 writeFile.put(ch)函数将 ch 写到 output.txt 文件中；如果是'#'，则结束 while 循环，跳到步骤（7）执行。

（6）利用 writeFile.put(ch)函数接收用户从键盘输入的下一个字符，并赋值给字符变量 ch，然后跳到步骤（5）执行。

（7）结束 while 循环后，调用 writeFile.close()函数关闭文件。

【Example13.2】源代码：

```cpp
#include <iostream>
#include <fstream>
using namespace std;
int main()
{
    ofstream writeFile;
    char ch ;
    writeFile.open("D:\\output.txt",ios::out);
    if(writeFile.is_open())
    {
        cout<<"请输入字符串，以'#'作为结束标志"<<endl;
        cin.get(ch);
```

```
        while(ch !='#')
        {
            writeFile.put(ch);
            cin.get(ch);
        }
        writeFile.close();
    }
    else
    {
        cout<<"打开文件失败! "<<endl;
        return 1;
    }
    cout<<"写文件完成! "<<endl;
    return 0;
}
```

【Example13.2】运行结果：程序编译通过并生成可执行文件后，运行结果如图 13-2 所示。

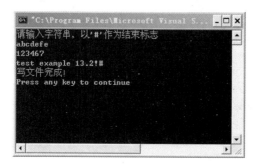 

图 13-2 【Example13.2】的运行结果

【Example13.3】利用 C++的输入/输出流，实现将 D:\input.txt 文件的内容 copy 到 D:\output.txt 中。

分析：示例【Example13.3】其实是示例【Example13.1】和【Example13.2】的综合。可以定义两个输入/输出流对象：readFile 和 writeFile，分别用来读 D:\input.txt 文件和写 D:\output.txt 文件。利用 while 循环结构，依次从 D:\input.txt 文件中逐行读出字符串，并将读出的字符串写到 D:\output.txt 文件中，直到文件读指针指向 D:\input.txt 文件末尾为止。

示例【Example13.3】具体的实现步骤如下。

（1）定义 ifstream 类的对象（实例）readFile，通过 readFile 对象实现对 input.txt 文件的操作。

（2）定义 ofstream 类的对象（实例）writeFile，通过 writeFile 对象实现对 output.txt 文件的操作。

（3）定义字符数组 buffer，用来保存从 D:\input.txt 文件中读出的一行字符。

（4）调用 readFile 对象的 open()函数，以读的方式打开 input.txt 文件。如果打开文件失败，则打印提示信息，并退出程序执行。

（5）调用 writeFile 对象的 open()函数，以写的方式打开 output.txt 文件。如果打开文件失败，则打印提示信息，并退出程序执行。

（6）在 while 循环中，判断 readFile 文件读指针是否到达文件末尾。如果 readFile 文件读指针没有到达文件末尾，则不断利用流对象 readFile 的 getline()函数，读一行字符串到字符数组 buffer 中，然后通过输出流对象 writeFile 的插入运算符将字符数组 buffer 写入 D:\output.txt 文件中；如果 readFile 文件读指针到达文件末尾，则结束 while 循环。

（7）结束 while 循环后，调用 readFile.close()和 writeFile.close()函数关闭文件。

【Example13.3】源代码：

```cpp
#include <fstream.h>
int main()
{
    ifstream readFile;
    ofstream writeFile;
    char buffer[256];
    readFile.open("D:\\input.txt",ios::in);
    writeFile.open("D:\\output.txt",ios::out);
    if(!readFile)
    {
        cout<<"打开 D:\\input.txt 文件失败！"<<endl;
        return 1;
    }
    if(!writeFile)
    {
        cout<<"打开 D:\\output.txt 文件失败！"<<endl;
        return 1;
    }
    while(!readFile.eof())
    {
        //getline(char *,int,char)表示该行字符达到 256 个或遇到换行就结束
        readFile.getline(buffer,256,'\n');
        writeFile<<buffer<<'\n';
    }
    readFile.close();
    writeFile.close();
    cout<<"文件 copy 完成！"<<endl;
    cin.get();
    return 0 ;
}
```

【Example13.3】运行结果：程序编译通过并生成可执行文件后，运行结果如图 13-3 所示。

图 13-3 【Example13.3】的运行结果

13.3　实 验 内 容

（1）利用 C++的输入/输出流，统计 D:\in.txt 文件中的数字、大写字母、小写字母和其他类型字符的个数。

（2）利用 C++的输入/输出流，实现将 D:\file1.txt 文件的内容追加到 D:\file2.txt 文件的末尾。

（3）利用 C++的输入/输出流，编写计算文件具有多少行的函数，并在 main()函数中验证程序的正确性。

第三部分　C 语言程序设计模拟试题及参考答案

试题1　C语言程序设计模拟试题（Ⅰ）及参考答案

模 拟 试 题

一、单选题（20 分）（所有完整程序前均包含#include "stdio.h"语句）

1. C语言中下列运算符的操作数必须是 int 类型的运算是（　　）。
   A. /　　　　　　　　B. %　　　　　　　　C. %和/　　　　　　D. %、++和--

2. C 语言提供的基本数据类型除了整型、字符型、实型，还有（　　）。
   A. 数组类型　　　　　　　　　　　B. 结构体类型
   C. 共用体类型　　　　　　　　　　D. 枚举类型

3. 以下描述不正确的是（　　）。
   A. 一个 C 源程序由一个或多个函数组成
   B. 一个 C 源程序必须包含一个 main()函数
   C. C 源程序组成的单位是函数
   D. C 程序的注释只能位于一条语句的后面

4. 已知"int x=19, y=4;"，则下列语句的输出结果是（　　）。

```
printf("%d\n",z=(x/y,x%y));
```

   A. 4　　　　　　　　B. 3　　　　　　　　C. 1　　　　　　　　D. 0

5. 下列属于 C 语言用户标识符的一组是（　　）。
   A. 9Me, fee, _fun1　　　　　　　　B. xy, char, t6
   C. a1*b, INT, f_u1　　　　　　　　D. Float, _ya, mi34n

6. 若输入数据为"efgh abcd1234"，执行以下程序后，输出的结果为（　　）。

```
{  char str[13];
     scanf ("%s ",str);
     printf("%s", str);
}
```

   A. abcd1234　　　B. efgh abcd1234　　　C. efgh　　　　D. efghabcd1234

7. 已知"int i;float f; scanf("i=%d,f=%f",&i,&f);"，为了把 100 和 765.12 分别赋值给 i 和 f，则正确的输入为（　　）。
   A. 100,765.12　　　　　　　　　　B. 100 765.12
   C. i=100,f=765.12　　　　　　　　D. i=100 f=765.12

8．能正确表示逻辑关系"a≥10 或 a≤0"的 C 语言表达式是（　　）。

   A．a>=10 or a<=0　　　　　　　　　　B．a>=10| a<=0

   C．a>=10 && a<=0　　　　　　　　　　D．a>=10||a<=0

9．若有说明"int a[][3]={1,2,3,4,5,6,7,8,9,10};"，则 a 数组第一维的大小是（　　）。

   A．2　　　　　　B．3　　　　　　C．4　　　　　　D．无确定值

10．下列程序的运行结果为（　　）。

```
int f(int n)
{ if (n>0) return(n*f(n-1));
  else return(1);
}
void main()
{ printf("%d",f(5));}
```

   A．120　　　　　B．8　　　　　　C．15　　　　　D．1

11．以下描述正确的是（　　）。

   A．函数的定义不可以嵌套，但函数的调用可以嵌套

   B．函数的定义可以嵌套，但函数的调用不可以嵌套

   C．函数的定义和函数的调用均不可以嵌套

   D．函数的定义和函数的调用均可以嵌套

12．以下关于 break 语句的描述，只有（　　）是正确的。

   A．在循环语句中必须使用 break 语句

   B．break 语句只能用于 switch 语句中

   C．在循环语句中可以根据需要使用 break 语句

   D．break 语句可以强制跳出所有循环

13．C 语言中 while 和 do…while 循环的主要区别是（　　）。

   A．do…while 的循环体至少无条件执行一次

   B．while 的循环控制条件比 do…while 的循环控制条件更严格

   C．do…while 允许从外部转到循环体内

   D．do…while 的循环体不能是复合语句

14．设有说明"int a[2][2]={{1,2},{3,4}}; int（*p）[2];　p=a;"，将数组 a 第 0 行第 1 列的元素值 2 打印在屏幕上，下面语句错误的是（　　）。

   A．printf("%d\n",(*p)[1]);

   B．printf("%d\n",*(p+1));

   C．printf("%d\n",*(*p+1));

   D．printf("%d\n",p[0][1]);

15．下面程序的运行结果为（　　）。

```
#define MAX(a, b)  a>b?a:b+1
void main( )
{ int i=6, j=8;  printf("%d\n", 10* MAX(i, j) );  }
```

A. 6   B. 8   C. 60   D. 80

16．下列各程序段中，对指针变量定义和使用正确的是（　　）。

    A．char s[6],*p=s;char *p1=*p;printf("%c",*p1)；

    B．int a[6],*p;p=&a；

    C．char s[7];char *p=s=260;scanf("%c",p+2)；

    D．int a[7],*p;p=a；

17．对于函数定义"void fun(int n, double x) {…}"，若以下选项中的变量都已正确定义并赋值，则调用函数 fun 的正确形式为（　　）。

    A．fun(int y,double m)；   B．k=fun(10,12.5)；

    C．fun(x,n)；   D．void fun(n,x)；

18．下面程序的运行结果是（　　）。

```
void main()
{   int x=023;
        printf( "%d\n",--x);
}
```

A. 17   B. 18   C. 23   D. 24

19．函数调用"strcat(strcpy(str1,str2),str3)"的功能是（　　）。

    A．将字符串 str1 复制到字符串 str2 中后再连接到字符串 str3 之后

    B．将字符串 str1 连接到字符串 str2 之后再复制到字符串 str3 中

    C．将字符串 str2 复制到字符串 str1 中后再将字符串 str3 连接到字符串 str1 之后

    D．将字符串 str2 连接到字符串 str1 之后再将字符串 str1 复制到字符串 str3 中

20．执行循环语句"for(x=y=0;y!=250||x<4;x++)y+=50;"，其循环体执行的次数为（　　）。

A. 2   B. 3   C. 4   D. 5

二、填空题（50 分）

1．C 程序设计的工作按过程可以分为编辑、＿＿＿(1)＿＿＿、链接和＿＿＿(2)＿＿＿。

2．设 x=5.6，y=5.5，则"(int)x+y"的值为＿＿＿(3)＿＿＿。

3．已知 a、b 是 int 型变量，请填空，使得下面的语句能输出 a、b 中的最小值。

```
printf ("%d",   (4)   );
```

4．有定义"static int a[3][4]={{1,2},{0},{4,6,7,8}};"，则初始化后，a[1][1]得到的值是＿＿＿(5)＿＿＿，a[2][2]得到的值是＿＿＿(6)＿＿＿。

5．若要用 fopen()函数打开一个新的二进制文件，该文件要既能读又能写，则文件使用方式应是＿＿＿(7)＿＿＿；向该文件尾部增加数据，则应该用＿＿＿(8)＿＿＿方式打开。

6．下面程序运行的结果是＿＿＿(9)＿＿＿。

```
void main()
  {   int a,s,n,count;
```

```
      a=2;s=0;n=1;count=1;
      while(count<=5) {n=n*a;s=s+n;++count;}
      printf("s=%d",s);
   }
```

7. 下面程序输出的第一行是＿＿（10）＿＿，第二行是＿＿（11）＿＿。

```
void main()
{   int a=2,b=7,c=5;
    switch(a>0)
    {   case 1:switch(b<0)
            {   case 1: printf("$");printf("\n");break;
                case 2: printf("@");printf("\n");break;
            }
        case 0:switch(c==5)
            {   case 0: printf("!");printf("\n");break;
                case 1: printf("&");printf("\n");break;
                default:printf("#");printf("\n");break;
            }
        default:printf("*");
    }
    printf("\n");
}
```

8. 下列程序错误的原因是＿＿＿（12）＿＿＿。

```
void main()
{   int Arr[4]={1,2,3,4},i;
    for(i=0;i<=4;i++)
        printf("%d",Arr[i]);
}
```

9. 下面程序的运行结果是＿＿＿（13）＿＿＿。

```
#include<string.h>
void main()
    {   char Arr1[80]="AB",Arr2[80]="CDEF";
        int i=0;
        strcat(Arr1,Arr2);
        while(Arr1[i]!='\0') Arr2[i]=Arr1[i++];
        printf("%s",Arr2);
    }
```

10. 以下程序是用选择法对 10 个整数按从小到大排序的，请填空。

```
void  main()
    {
        int *p,i,a[10];
        for(p=a,i=0;i<10;i++)  scanf("%d",＿＿＿（14）＿＿＿);
        p=a;
```

```
              (15)     ;
         for(p=a,i=0;i<10;i++)
              { printf("%d",*p);p++;}
     }
 sort(int x[],int n)
 {   int i,j,k,t;
     for(i=0;i<n-1;i++)
     {
         k=i;
         for(j=i+1;j<n;j++)
              if(x[j]>x[k])    (16)    ;
         if(k!=i)    {    t=x[i];    (17)    ;x[k]=t;    }
     }
 }
```

11．下面程序运行结果的第一行是＿＿＿（18）＿＿＿，第二行是＿＿＿（19）＿＿＿。

```
 void func(int n)
 {   static int a=2;
     a+=n;
     printf("%d\n",a);
 }
 void main()
 {   int a=2;
     func(a);
     func(a);}
```

12．设有以下定义：

```
   struct ss
    { int info;
      struct ss *link;
 }x,y,z;
```

且已建立如下图所示的链表结构：

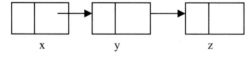

请写出删除节点 y 的赋值语句：＿＿＿（20）＿＿＿。

13．下面程序的功能是完成用一元人民币换成一分、两分、五分的所有兑换方案，要求每种零钱至少有一张（一枚），并且在输出时进行格式控制，使得每一行只输出五种方案，请填空。

```
 void main()
 {   int i,j,k,n=0;
     for(i=1; i<20; i++)
         for(j=1; j<50; j++)
```

```
{   k=____(21)____;
    if(____(22)____)
    { printf("%2d  %2d  %2d  ;",i, j, k);
      n=n+1;
      if(____(23)____) printf("\n");
    }
  }
}
```

14. 以下程序用来判断输入的整数是否是偶数，若是偶数，则打印"even　number"；若不是偶数，则打印"odd number"。请填空。

```
void main()
{   int x,flag=0;
    scanf("%d",&x );
    if____(24)____;
    ____(25)____;
    if(flag==1)
        printf("even  number \n");
    else
        printf("odd number \n");
}
```

三、编程题（30 分）

1．编程实现：输入 5×5 阶的矩阵，求主对角线元素之和。

2．编程实现：有一文本文件 a.txt，里面有大小写字母、数字和其他字符。要求分别统计出其中英文大写字母、小写字母、数字及其他字符的个数。

参 考 答 案

一、单选题（共 20 分，每题 1 分）

1. B	2. D	3. D	4. B	5. D
6. C	7. C	8. D	9. C	10. A
11. A	12. C	13. A	14. B	15. A
16. D	17. C	18. B	19. C	20. D

二、填空题（共 50 分，每空 2 分）

（1）编译　　　　　　　　　　（2）运行

（3）10.5　　　　　　　　　　（4）a<b?a:b

（5）0　　　　　　　　　　　　（6）7

（7）wb+　　　　　　　　　　（8）ab+

（9）s=62　　　　　　　　　　（10）&

（11）*　　　　　　　　　　　　　　（12）数组下标越界

（13）ABCDEF　　　　　　　　　　　（14）p++ 或 &a[i]

（15）sort（p,10） 或 sort（a,10）　　（16）k=j

（17）x[i]=x[k]　　　　　　　　　　　（18）4

（19）6　　　　　　　　　　　　　　 （20）x.link=y.link;

（21）100-i*5-j*2　　　　　　　　　　（22）k>=1

（23）n%5==0　　　　　　　　　　　（24）（x%2==0）flag=1

（25）else flag=0

三、编程题（共 30 分，每题 15 分）

1.

```c
#include<stdio.h>
void main()
{  int a[5][5],i,j,sum=0;
   for(i=0;i<5;i++)
     for(j=0;j<5;j++)
       scanf("%d",&a[i][j]);
   for(i=0;i<5;i++)
     for(j=0;j<5;j++)
       if(i==j) sum+=a[i][j];
   printf("sum=%d\n",sum);
}
```

2.

```c
#include <stdio.h>
void main()
{    int cnt1=0, cnt2=0, cnt3=0, cnt4=0;
     char ch;
     FILE *fp;
     fp=fopen("a.txt", "r");
     while((ch=fgetc(fp))!=EOF)
         if(ch>='A' && ch <='Z')
             cnt1++;
         else if(ch>='a' && ch <='z')
             cnt2++;
         else if(ch>='0' && ch <='9')
             cnt3++;
         else
             cnt4++;
       fclose(fp);
       printf("%d  %d  %d  %d\n", cnt1, cnt2, cnt3, cnt4);
}
```

试题 2　C 语言程序设计模拟试题（Ⅱ）及参考答案

模 拟 试 题

一、单选题（20 分）（所有完整程序前均包含#include "stdio.h"语句）

1. 下列选项中，不能用作标识符的是（　　）。

   A．_1234_　　　　　B．_1_2　　　　　C．int_2_　　　　　D．2_int_

2. 以下程序运行后的结果是（　　）。

```
main()
{ int a=666,b=888;
    printf("%d\n",a,b); }
```

   A．错误信息　　　　B．666　　　　　C．888　　　　　D．1554

3. 设"int x=1,y=1;"，则表达式"（! x++ || y--）"的值是（　　）。

   A．0　　　　　　　B．1　　　　　　C．2　　　　　　D．-1

4. 设整型变量 n 的值为 2，执行语句"n+=n-=n*n;"后，n 的值是（　　）。

   A．0　　　　　　　B．4　　　　　　C．-4　　　　　D．2

5. 设有以下说明语句，则下面的叙述中不正确的是（　　）。

```
struct ex {
        int x ; float y; char z ;
        } example;
```

   A．struct 结构体类型的关键字

   B．example 是结构体类型名

   C．x，y，z 都是结构体成员名

   D．struct ex 是结构体类型

6. C 语言中，合法的字符型常数是（　　）。

   A．'A'　　　　　　B．"A"　　　　　C．65　　　　　D．A

7. 设有数组定义"char array[]="China";"，则数组所占的空间是（　　）。

   A．4 字节　　　B．5 字节　　　C．6 字节　　　D．个字节

8. 下面正确的输入语句是（　　）。

   A．scanf("a=b=%d",&a,&b)；

B．scanf("%d,%d",&a,&b)；

C．scanf("%c",c)；

D．scanf("% f%d\n",&f)；

9．C 语言中以追加方式打开一个文件应选择（　　）参数。

　　A．"r"　　　　　　　B．"w"　　　　　　C．"rb"　　　　　　D．"a"

10．在函数中默认存储类型说明符的变量应该是（　　）存储类型。

　　A．内部静态　　　B．外部　　　　　C．自动　　　　　D．寄存器

11．设 int 类型的数据长度为 2 字节，则 unsigned int 类型数据的取值范围是（　　）。

　　A．0～255　　　　　　　　　　B．0～65535

　　C．-32768～32767　　　　　　D．-256～255

12．设 x 和 y 均为 int 类型的变量，则语句"x+=y;y=x-y;x-=y;"的功能是（　　）。

　　A．把 x 和 y 按从大到小排列

　　B．把 x 和 y 按从小到大排列

　　C．无确定结果

　　D．交换 x 和 y 的值

13．以下运算符中优先级最高的为（　　）。

　　A．&&　　　　　　　B．&　　　　　　　C．!　　　　　　　D．!=

14．为了判断两个字符串 s1 和 s2 是否相等，应当使用（　　）。

　　A．if(s1==s2)　　　　　　　　B．if(s1=s2)

　　C．if(strcpy(s1,s2))　　　　　D．if(strcmp(s1,s2)==0)

15．一个 C 语言程序由（　　）。

　　A．一个主程序和若干子程序组成　　B．函数组成

　　C．若干过程组成　　　　　　　　　D．若干子函数组成

16．以下选项中是正确的整型常量的是（　　）。

　　A．12.　　　　　　B．-20　　　　　C．1000B　　　　D．4 5 6

17．C 语言中运算对象必须是整型的运算符是（　　）。

　　A．%　　　　　　　B．/　　　　　　　C．!　　　　　　　D．**

18．若变量已正确定义并赋值，则符合 C 语言语法的表达式是（　　）。

　　A．a=a+7；　　　　　　　　　　B．a=7+b+c,a++

　　C．int(12.3%4)；　　　　　　　D．a=a+7=c+b；

19．若 x、i、j 和 k 都是 int 变量，则计算下面表达式后，x 的值是（　　）。

```
x=(i=4,j=16,k=32);
```

　　A．4　　　　　B．16　　　　　C．32　　　　　D．52

20．若有代数表达式 $\frac{3ae}{bc}$，则不正确的 C 语言表达式是（　　）。

　　A．a/b/c*e*3　　　　　　　　　B．3*a*e /b/c

　　C．3*a*e /b*c　　　　　　　　　D．a*e/c /b *3

二、判断题（10 分，每题 1 分）

1．C 语言源程序文件通过了编译、链接之后，生成一个扩展名为.exe 的文件。（　　　）

2．在 C 语言程序中，函数既可以嵌套定义，又可以嵌套调用。（　　　）

3．在 C 语言程序中，APH 和 aph 代表不同的变量。（　　　）

4．C 语言程序总是从 main() 函数的第一条语句开始执行。（　　　）

5．a-=7 等价于 a=a-7。（　　　）

6．数组名可以作为参数进行传递。（　　　）

7．C 语言中整型数据可以赋值给实型变量。（　　　）

8．C 语言中的基本数据类型包括整型、实型、字符型和字符串型。（　　　）

9．scanf(格式控制，输入项表)中，"输入项表" 必须是存储单元的地址。（　　　）

10．"#define　M　100"中的 M 可以在主程序中改变。（　　　）

三、填空题（40 分）

1．break 语句只能用在＿＿＿（1）＿＿＿和＿＿＿（2）＿＿＿语句内。

2．结构化程序由＿＿＿（3）＿＿＿、＿＿＿（4）＿＿＿和＿＿＿（5）＿＿＿三种基本结构组成。

3．若 fp 已正确定义为一个文件指针，d1.dat 为二进制文件，为了实现"读"而打开文件，则需要使用语句 fp=fopen(＿＿＿（6）＿＿＿，＿＿＿（7）＿＿＿)。

4．执行下面语句后 m=＿＿＿（8）＿＿＿，z=＿＿＿（9）＿＿＿。

```
int m=3,z=1;
m=(m<z)?m:++z;
```

5．以下程序运行后的输出结果是＿＿＿（10）＿＿＿。

```
main()
{   int p[7]={11,13,14,15,16,17,18};
    int i=0,j=0;
    while(i<7 && i%2==1)
        j+=p[i++];
    printf("%d\n",j);
}
```

6．以下程序运行后的输出结果是＿＿＿（11）＿＿＿。

```
main()
{   int x=1,y=0,a=0,b=0;
    switch(x){
        case 1:switch(y){
            case 0: a++; break;
            case 1: b++; break;
        }
        case 2: a++; b++;break;
    }
```

```
        printf("%d %d\n",a,b);
    }
```

7. 以下程序运行后的输出结果是_____（12）_____。

```
main()
{   int a[4][4]={{1,2,3,4},{5,6,7,8},{11,12,13,14},{15,16,17,18}};
    int i=0,j=0,s=0;
    for(;i<4;i++) {
        if(i==2||i==4)
            continue;
        j=0;
        do {
            s+= a[i][j];
            j++;
        } while(j<4);
    }
    printf("%d\n",s);
}
```

8. 以下程序运行后的输出结果是_____（13）_____。

```
main ()
{   char a[]="Language",b[]="Programe";
    char *p1,*p2; int k;
    p1=a; p2=b;
    for(k=0;k<=7;k++)
        if(*(p1+k) ==*(p2+k))
            printf("%c",*(p1+k));
}
```

9. 以下程序运行后的输出结果是_____（14）_____。

```
main()
{   char a[]="123456789",*p;
    int i=0;
    p=a;
    while(*p){
        if(i%2==0) *p='*';
        p++;i++;
    }
    puts(a);
}
```

10. 以下程序从终端读入数据到数组中，统计其中正数的个数，并计算它们的和，请完善以下程序。

```
main()
{   int i,a[20],sum,count;
```

```
        sum=count=0;
        for(i=0;i<20;i++)
            scanf("%d",    (15)    );
        for(i=0;i<20;i++){
            if(a[i]>0){
                count++;
                sum+=    (16)    ;
            }
        }
        printf("sum=%d,count=%d\n",sum,count);
    }
```

11. 以下程序中，函数 sumColumM 的功能是：求出 M 行 N 列二维数组每列元素中的最小值，并计算它们的和。请填空。

```
#define M 2
#define N 4
void SumColumMin(int a[M][N],int *sum)
{   int i,j,k,s=0;
    for(i=0;i<N;i++){
        k=0;
        for(j=1;j<M;j++)
            if(a[k][i]>a[j][i])
                k=j;
        s+=    (17)    ;
    }
    *sum=s;
}
main()
{   int x[M][N]={3,2,5,1,4,1,8,3},s;
    SumColumMin(    (18)    );
    printf("%d\n",s);
}
```

12. 以下函数用于求出一个 2*4 矩阵中的最大元素值。请填空。

```
max_value(int a[][4])

  {
    int i,j,max;
    max=a[0][0];
    for(i=0;i<2;i++)
      for(j=0;j<4;j++)
        if(    (19)    ) max=a[i][j];
    return(max);
  }
```

13. 以下函数 conj 把两个字符串 s1 和 s2 连接起来。请填空。

```
conj(char s1[],char s2[])
{    int i=0,j=0;
     while(s1[i]!='\0')
         i++;
     while(s2[j]!='\0')
         s1[i++]=s2[j++];
     _____(20)_____;
}
```

四、编程题（30 分）

1. 编写一个程序，实现从键盘输入三个小数，求出它们的平均值，并将结果输出显示在屏幕上。

2. 从键盘输入一些字符，逐个将它们写到文本文件 test.dat 中，直到输入一个 "&" 为止。

参 考 答 案

一、单选题（共 20 分，每题 1 分）

1. D	2. B	3. B	4. C	5. B
6. A	7. C	8. B	9. D	10. C
11. B	12. D	13. C	14. D	15. B
16. B	17. A	18. A	19. C	20. C

二、判断题（共 10 分，每题 1 分）

1. √	2. ×	3. √	4. √	5. √
6. √	7. √	8. ×	9. √	10. ×

三、填空题（共 40 分，每空 2 分）

（1）switch
（2）循环
（3）顺序
（4）选择
（5）循环
（6）"d1.dat"
（7）"rb"
（8）2
（9）2
（10）0
（11）2 1
（12）102
（13）gae
（14）*2*4*6*8*
（15）&a[i]
（16）a[i]或*(a+i)
（17）a[k][i]
（18）x,&s
（19）max<a[i][j]
（20）s1[i]='\0'

四、编程题（共 30 分，每题 15 分）

1.

```c
#include "stdio.h"
void main()
{ float a,b,c,average;
  printf("please input three numbers:\n");
  scanf("%f,%f,%f",&a,&b,&c);
  average=(a+b+c)/3;
  prinf("average=%f\n",average);
}
```

2.

```c
#include"stdio.h"
#include "stdlib.h"
main( )
  { FILE  *fp;    char ch;
    if ((fp=fopen("test.dat","w" ))==NULL)
      { printf("cannot open file!\n");
        exit(0);
      }
  ch= getchar( );
  while (ch!='&')
        {       fputc(ch,fp);
                putchar(ch);
                ch=getchar( );
          }
      fclose(fp);
  }
```

试题3 C语言程序设计模拟试题（Ⅲ）及参考答案

模 拟 试 题

一 单选题（20分）（所有完整程序前均包含#include "stdio.h"语句）

1. 将二进制数101110转换为等值的八进制数，其结果为（   ）。
   A. 45   B. 56   C. 67   D. 78
2. CPU是由（   ）组成的。
   A. 存储器和控制器   B. 控制器和运算器
   C. 存储器和运算器   D. 存储器、控制器和运算器
3. C语言中下列运算符的操作数必须是int类型的运算是（   ）。
   A. /   B. %   C. %和/   D. %、++和——
4. 以下说法中正确的是（   ）。
   A. C语言程序总是从第一个函数开始执行
   B. 在C语言程序中，要调用的函数必须在main()函数中定义
   C. C语言程序总是从main()函数开始执行
   D. C语言程序中的main()函数必须放在程序的开始部分
5. 下列属于C语言用户标识符的一组是（   ）。
   A. 9Me, fee, _fun1   B. xy, char, t6
   C. a1*b, INT, f_u1   D. Float, _ya, mi34n
6. 下列常数中，（   ）是正确的C语言常量。
   A. 0x7g   B. 0x2Al   C. e   D. 07ff1
7. 下列不正确的转义字符是（   ）。
   A. '\\'   B. '\"'   C. '074'   D. '\0'
8. 若有"char c='2';"，进行运算"c=c-'1';"后，c的值为（   ）。
   A. 不确定值   B. 1   C. 49   D. '1'
9. 请选出合法的C语言赋值语句（   ）。
   A. a=b=58   B. i++;   C. k=(int)(a+b);   D. a=58,b=58
10. 结束while（表达式）循环的条件是（   ）。
    A. 当表达式的值不为0时   B. 当表达式的值为0时
    C. 当表达式的值为1时   D. 当表达式的值不为1时

11. 能正确表示逻辑关系"a≥10 或 a≤0"的 C 语言表达式是（   ）。

    A．a>=10 or a<=0   B．a>=10| a<=0

    C．a>=10 && a<=0   D．a>=10||a<=0

12. 设有变量定义"int x=2,y=1;"，则表达式"x-->(y+x)?5:3"的值是（   ）。

    A．3   B．5   C．0   D．1

13. 定义变量"int a; float b;"，用"scanf("a=%d, b=%f", &a,&f);"输入 3 和 3.3 分别赋给 a 和 b，则正确的输入是（   ）。

    A．3 3.3   B．3, 3.3   C．a=3, b=3.3   D．a=3   b=3.3

14. 以下关于 break 语句的描述，（   ）是正确的。

    A．在循环语句中必须使用 break 语句

    B．break 语句只能用于 switch 语句中

    C．在循环语句中可以根据需要使用 break 语句

    D．break 语句可以强制跳出所有循环

15. 对于以下语句"for(x=0,y=0; (y!=123)&&(x<4); x++);"，则该循环（   ）。

    A．是无限循环   B．循环次数不定

    C．执行 4 次   D．执行 3 次

16. C 语言中 while 和 do…while 循环的主要区别是（   ）。

    A．do…while 的循环体至少无条件执行一次

    B．while 的循环控制条件比 do…while 的循环控制条件更严格

    C．do…while 允许从外部转到循环体内

    D．do…while 的循环体不能是复合语句

17. C 语言中的函数（   ）。

    A．可嵌套定义   B．嵌套调用和递归调用均可

    C．不可嵌套调用   D．可嵌套调用但不可递归调用

18. 以下描述中错误的是（   ）。

    A．不同函数中的声明的变量可以使用相同的变量名

    B．函数的形式参数是局部变量

    C．一个函数内部定义的变量只在本函数范围内有效

    D．在一个函数内部的复合语句中定义的变量在本函数范围内有效

19. 已知"int k,m=1;"，则执行语句"k=-m++;"后，k 的值是（   ）。

    A．-1   B．0   C．1   D．-2

20. 对于函数定义"void fun(int n, double x) {…}"，若以下选项中的变量都已正确定义并赋值，则调用函数 fun 的正确形式为（   ）。

    A．fun(int y,double m);   B．k=fun(10,12.5);

    C．fun(x,n);   D．void fun(n,x);

二、填空题（50 分）

1. 结构化程序设计的三种基本控制结构为　__(1)__　、　__(2)__　、　__(3)__　。

2. C 语言程序的基本单位是　__(4)__　。一个完整的 C 语言程序必须有且仅有一个
　__(5)__　。

3. 常量有很多不同的类型，#define PI 3.1415 中的 PI 通常称为　__(6)__　常量。

4. 定义变量"int a=1, b=2, c=1;"，在执行语句"c=(a++, --b, a+(float)b+c);"后，c
的值为　__(7)__　。

5. 定义变量"x=3, y=3, z=2"，执行语句"x/=y%=z+=z*z;"后，x 的值为　__(8)__　。

6. 循环语句"for(k=1;k<=5;k++);"执行结束后，k 的值为　__(9)__　。

7. 字符串是以　__(10)__　为结束标志的一串字符序列。字符串"\"Name\\Address\023\n"
在内存中的长度为　__(11)__　。

8. 在 C 语言中，一个自定义函数由两部分组成，它们是　__(12)__　和　__(13)__　。

9. 若从键盘输入 58，则以下程序的运行结果是　__(14)__　。

```
void main()
{ int a;
  scanf("%d",&a); if(a>50)
      printf("%d",a);
  if(a>40)
      printf("%d",a);
  if(a>30)
      printf("%d",a);
}
```

10. 下面程序实现打印 100 以内的个位数为 2 且能被 4 整除的所有数。请完善程序。

```
#include<stdio.h>
void main()
{ int i,j;
  for(i=0;___(15)___;i++)
  { j=i*10+2;
    if(___(16)___)
  continue;
    printf("%d",j);
  }
}
```

11. 假定在以下程序运行时输入：1357↙（回车换行符），请写出结果　__(17)__　。

```
#include <stdio.h>
void main( )
{ char c;
  while ((c=getchar())!='\n')
  switch(c)
  { case '0':
    case '1':putchar(c);
```

```
         case '2':putchar(c);break;
         case '3':putchar(c);
         default:putchar(c+1);break;
      }
    printf("\n");
}
```

12．阅读下列程序，写出运行结果___（18）___。

```
#include<stdio.h>
void main()
{  int  x,m,n,a,b;
   m=n=a=b=8;
   x=(m=a>b)&&(n=a>b);
   printf("x=%d, m=%d, n=%d\n",x,m,n);
}
```

13．定义变量"int n=10;"，则下列循环的运行结果是___（19）___。

```
while(n>7)
{ n--; printf("%d",n);
  }
```

14．以下程序的运行结果为___（20）___。

```
void main()
{ int a=5,b=0,c=0;
    if(a=b+c)printf("***\n");
    else printf("$ $ $ \n");
  }
```

15．以下程序用来判断输入的整数是否为偶数，如果是偶数则打印"even　number"；否则打印"odd number"。请填空。

```
void main()
{ int x,flag=0;
  scanf("%d",&x );
  if___（21）___;
      ___（22）___;
  if(flag==1)
     printf("even  number \n");
  else
     printf("odd number \n");
}
```

16．以下程序的运行结果是___（23）___。

```
void f1(int x, int y, int z)
{ x=111;  y=222;  z=333;
}
void main(  )
```

```
{ int x=100, y=200, z=300;
  f1(x, y, z);
  printf("%d, %d, %d\n", z, y, x);
}
```

17. 单向链表的访问总是从＿＿＿（24）＿＿＿开始。判断单向链表访问结束的标记是指向结点的指针值为＿＿＿（25）＿＿＿。

三、编程题（30分）

1. 编写程序，实现打印九九乘法表的功能，要求使用循环来实现。
2. 从键盘输入一串字符，并以*结束。将其中的内容全部输出到磁盘文件 test.dat。

参 考 答 案

一、单选题（共20分，每题1分）

1. B	2. B	3. B	4. C	5. D
6. B	7. C	8. B	9. C	10. B
11. D	12. A	13. C	14. C	15. C
16. A	17. B	18. D	19. A	20. C

二、填空题（共50分，每空2分）

（1）顺序结构　　　　　　　　（2）选择结构
（3）循环结构［（1）～（3）无顺序］　（4）函数
（5）主函数（main()函数）　　　（6）符号
（7）4　　　　　　　　　　　　（8）1
（9）6　　　　　　　　　　　　（10）'\0'
（11）16　　　　　　　　　　　（12）函数头
（13）函数体［（12）～（13）无顺序］　（14）585858
（15）i<10 或 i<=9　　　　　　　（16）j%4
（17）113468　　　　　　　　　（18）x=0,m=0,n=8
（19）987　　　　　　　　　　　（20）$$$
（21）(x%2)==0 flag=1　　　　　（22）else flag=0
（23）300,200,100　　　　　　　（24）头节点（指针）
（25）NULL

三、编程题（共30分，每题15分）

1.
```
#include<stdio.h>
void main()
```

```
{
    int i,j;
    for (i=1; i<=9; i++)
    {
        for (j=1; j<=i; j++)
            printf ("%d*%d=%-4d", j,i,i*j);
        printf("\n");
    }
}
```

2.

```
#include<stdio.h>
int main()
{
    FILE *fp;
    char  c;
    fp=fopen("test.dat","w");
    c=getchar();
    while(c!='*')
    {
        fputc(c,fp);
        c=getchar();
    }
    fclose(fp);
    return 0;
}
```

试题 4 C 语言程序设计模拟试题（Ⅳ）及参考答案

模 拟 试 题

一、单选题（20 分）（所有完整程序前均包含#include "stdio.h"语句）

1．在一个 C 语言程序中（   ）。
 A．main()函数必须出现在所有函数之前
 B．main()函数必须出现在所有函数之后
 C．main()函数必须出现在程序的固定位置
 D．main()函数可以在出现在程序的任意位置

2．下列标识符中不合法的是（   ）。
 A．s_name   B．_e   C．integer   D．3DS

3．"int a=6,b=6;b=(++b)+(a++)"执行完成后，变量 a 和 b 的值为（   ）。
 A．a=7,b=13   B．a=7,b=14 C．a=6,b=13 D．a=6,b=14

4．设 x 和 y 均为 int 型变量，则语句"x+=y;y=x−y;x−=y;"的功能是（   ）。
 A．把 x 和 y 按从大到小排列   B．把 x 和 y 按从小到大排列
 C．无确定结果   D．交换 x 和 y 的值

5．若执行下面的程序时从键盘上输入 5，则输出是（   ）。

```
void main()
{ int x;
scanf("%d",&x);
if(x++>5) printf("%d\n",x);
else      printf("%d\n",x--);}
```

 A．7   B．6   C．5   D．4

6．若要使表达式"p++"在编译时无语法错误，则变量 p 不能声明为（   ）。
 A．int p;   B．double p ;
 C．char p;   D．struct{ int x ;}p;

7．判断 char 型变量 c1 是否为小写字母的正确表达式为（   ）。
 A．'a'<=c1<='z'   B．(c1>=a)&&(c1<=z)
 C．('a'<=c1)||('z'>=c1)   D．(c1>='a')&&(c1<='z')

8．以下叙述正确的是（   ）。

　　A．不能使用 do…while 语句构成循环

　　B．do…while 语句构成的循环必须用 break 语句才能退出

　　C．do…while 语句构成的循环，当 while 语句中的表达式值为非零时结束循环

　　D．do…while 语句构成的循环，当 while 语句中的表达式值为零时结束循环

9．对于程序段 "int k=10;while(k) k=k-1;"，下面描述中正确的是（   ）。

　　A．循环体执行 10 次　　　　　　　　B．该循环是无限循环

　　C．循环体一次也不执行　　　　　　　D．循环体执行一次

10．已知一个函数的定义如下：

```
double fun(int x, double y) {…}
```

则该函数正确的函数原型声明为（   ）。

　　A．double fun（int x,double y）　　　　B．fun（int x,double y）

　　C．double fun（int ,double）;　　　　　D．fun（x,y）;

11．C 语言允许定义函数时省略对于函数返回值类型的说明，此时默认的函数返回值类型是（   ）。

　　A．void　　　　　　B．int　　　　　　C．float　　　　　　D．long

12．函数返回值的类型由（   ）。

　　A．return 决定　　　　　　　　　　　B．调用函数决定

　　C．定义函数时指定　　　　　　　　　D．main()函数决定

13．下面程序段的运行结果是（   ）。

```
void main()
{ char c1,c2;
   c1='A'+'5'-'3'; c2='A'+'6'-'3';
   printf("%d,%c",c1,c2);}
```

　　A．C,D　　　　　　B．67,D　　　　　　C．B,C　　　　　　D．无确定值

14．假设 int 类型变量占用 2 字节，若有定义 "int x[10]={0,2,4};"，则数组 x 在内存中所占字节数是（   ）。

　　A．3　　　　　　　B．6　　　　　　　C．10　　　　　　D．20

15．若有说明 "int a[3][4];"，则对 a 数组元素的正确引用是（   ）。

　　A．a[2][4]　　　　　B．a[1,3]　　　　　C．a[1+1][0]　　　D．a[2][1]

16．若有说明 "int a[][3]={1,2,3,4,5,6,7};"，则数组 a 第一维大小是（   ）。

　　A．1　　　　　　　B．2　　　　　　　C．3　　　　　　　D．4

17．设已有声明 "int *p,m=5,n;"，下列正确的程序段是（   ）。

　　A．p=&n;scanf("%d",&p);　　　　　　B．p=&n;scanf("%d",*p);

　　C．scanf("%d",&n);*p=n;　　　　　　D．p=&n;*p=m;

18．下面各行语句中正确的是（   ）。

　　A．char s[5]="ABCDE";　　　　　　　B．char s[6];s="ABCDE";

  C．char *s="ABCDE";   D．char *s; scanf("%s",s);

19．执行语句"printf("%d",strlen("Welcome"));"的结果是（   ）。

  A．7   B．8   C．14   D．16

20．设有以下声明语句：

```
sturct ex
{ int x; float y; char z;
}example;
```

则下面的叙述中不正确的是（   ）。

  A．struct 是结构体类型的关键字   B．example 是结构体类型名

  C．x、y、z 都是结构体成员名   D．struct ex 是结构体类型

二、填空题（50 分）

1．if 语句有三种形式，分别为____(1)____ if 语句、____(2)____ if 语句和____(3)____ if 语句。

2．C 语言中有一个逻辑运算符的优先级高于算术运算符，它是____(4)____。

3．设"int a; float f; double i;"，则表达式 10+'a'+i*f 值的数据类型是____(5)____。

4．若有声明"int a=30,b=7;"，则表达式!a+a%b 的值是____(6)____。

5．break 语句不能用于____(7)____和____(8)____语句之外的任何其他语句中。

6．以下程序的运行结果为____(9)____。

```
void main()
{ int a=1,b=2,c=3,t;
   while(a<b<=c){t=a;a=b;b=t;c--;}
   printf("%d,%d,%d\n",a,b,c);
}
```

7．若有定义"int a[3][4]={{1,2},{0},{4,6,8,10}};"，则初始化后，a[1][2]的值是____(10)____。

8．若想通过以下输入语句给 a 赋值为 1，给 b 赋值为 2，则输入数据的形式应该是____(11)____。

```
int a,b;
scanf("a=%d,b=%d",&a,&b);
```

9．C 语言可以处理的文件包括____(12)____文件和____(13)____文件。

10．下面程序的输出结果为____(14)____。

```
void f(int a,int*b)
{ ++a;++b;++(*b);}
void main()
{ int x[2]={4,4};
  f(x[0],&x[0]);
  printf("%d,%d",x[0],x[1]);
}
```

11．以下程序中，for 循环体执行的次数是＿＿＿（15）＿＿＿。

```
#define  N   2
#define  M   N+1
#define  K   M+1*M/2
void main()
{ int i;
  for(i=1;i<K;i++)
  {…}
}
```

12．下面程序的功能是用 do…while 语句求 1～1000 之间的同时满足"用 3 除余 2，用 5 除余 3，用 7 除余 2"的数，且一行只打印五个数，请填空。

```
void main ( )
{ int  i = 1 , j = 0 ;
   do  { if (    (16)   )
      { printf ( " %4d " , i ) ;
        j = j + 1 ;
        if (    (17)    )printf ( " \n " ) ;
      }
      i = i + 1 ;
    }
   while ( i < 1000) ;
}
```

13．以下程序的功能是计算 m=1−2+3−4+…+9−10，并输出结果。请填空。

```
void main ( )
{ int m=0,f=1,i;
for(i=1; i<=10; i++)
{ m+=    (18)
  f=    (19)    ;
printf("m=%d\n",m); }
```

14．设已有非空文本数据文件 file1.dat，要求能读出文件中原有的全部数据，并在文件原有数据之后添加新数据，则用 FILE *fp=fopen("file1.dat",＿＿＿（20）＿＿＿)打开该文件。

15．循环语句 "for(;;) printf("OK \n");" 和 "do { printf("OK\n");} while(0);" 执行完毕循环，循环次数分别是＿＿（21）＿＿和＿＿（22）＿＿。

16．有以下说明定义和语句，可用 a.day 引用结构体成员 day，请写出引用结构体成员 a.day 的其他两种等价的引用形式＿＿＿（23）＿＿＿、＿＿＿（24）＿＿＿。

```
struct date{int day;char mouth;int year;}
struct date a,*b;
b=&a;
```

17．当运行以下程序时，从键盘输入 MyBook，则运行结果是＿＿＿（25）＿＿＿。

```
char fun(char *s)
```

```
  { if (*s<='Z'&&*s>='A')   *s+=1;
    return *s;}
    void main()
    { char c[80],*p=c;
      gets(c);
      while(*p!='\0')
      {*p=fun(p);
        putchar(*p);
        p++;
      }
      printf("\n");
    }
```

三、编程题（30 分）

1．输出所有水仙花数，所谓水仙花数，是指一个三位数，其各位数字的立方和等于该数本身。例如，153 是一个水仙花数，因为 $153=1^3+5^3+3^3$。

2．从键盘输入一个字符串，将其中的小写字母全部转换成大写字母后输出到磁盘文件 test 中保存，输入的字符串以"!"结束。

参 考 答 案

一、单选题（共 20 分，每题 1 分）

1．D	2．D	3．A	4．D	5．B
6．D	7．D	8．D	9．A	10．C
11．B	12．C	13．B	14．D	15．C
16．C	17．D	18．C	19．A	20．B

二、填空题（共 50 分，每空 2 分）

（1）单分支 （2）双分支
（3）多分支 （4）!
（5）double（或双精度） （6）2
（7）switch （8）循环
（9）1,2,-1 （10）0
（11）a=1,b=2 （12）文本
（13）二进制 （14）4,5
（15）4 （16）i%3==2&&i%5==3&&i%7==2
（17）j%5==0 （18）i*f
（19）f*-1; （20）a+
（21）无数次（意思相同即可） （22）一次

（23）(*b).day　　　　　　　　（24）b->day

（25）NyCook

三、编程题（共 30 分，每题 15 分）

1.

```
#include "stdio.h"                        } 函数头：3 分
void main( )
{
int i,j,k,n;                             } 变量定义：3 分
printf("'water flower'number is:");
 for(n=100;n<1000;n++)
  {
   i=n/100;/*分解出百位*/
   j=n/10%10;/*分解出十位*/
   k=n%10;/*分解出个位*/             } 算法：7 分
   if(i*100+j*10+k==i*i*i+j*j*j+k*k*k)
    {
     printf("%d",n);                     } 输出：2 分
    }
  }
printf("\n");
}
```

2.

```
#include "stdio.h"
#include "stdlib.h"                       } 函数头：2 分
void main()
{ FILE *fp;
   char str[100];                         } 变量定义及初始化：2 分
   int i=0;
if((fp=fopen("test","w"))==NULL)
{ printf("cannot open the file\n");       } 打开文件：3 分
exit(0);}
printf("please input a string:\n");
gets(str);
while(str[i]!='!')
{ if(str[i]>='a'&&str[i]<='z')
  str[i]=str[i]-32;                       } 算法：6 分
  fputc(str[i],fp);
  i++;}
  fclose(fp);                             } 文件关闭：2 分
}
```

试题5　C语言程序设计模拟试题（V）及参考答案

模 拟 试 题

一、单选题（20 分）（所有完整程序前均包含#include "stdio.h"语句）

1. C 语言程序的三种基本结构是（　　　）。
    A．转移结构、循环结构、顺序结构
    B．递归结构、转移结构、循环结构
    C．转移结构、顺序结构、嵌套结构
    D．顺序结构、选择结构、循环结构

2. 若 w、x、y、z、k 均为 int 类型变量，则执行下面语句后的 k 的值是（　　　）。

```
w=1;  x=2;  y=3;  z=4;
k=(w<x)?w:x;
k=(k<y)?k:y;
k=(k<z)?k:z;
```

    A．1　　　　　　　B．2　　　　　　　C．3　　　　　　　D．4

3. C 语言中下列运算符的操作数必须是 int 类型的运算是（　　　）。
    A．/　　　　　　　B．%　　　　　　　C．%和/　　　　　　D．%、++和--

4. 语句"for（表达式 1;　;表达式 3）"等价于（　　　）。
    A．for（表达式 1;0;表达式 3）　　　　　B．for（表达式 1;1;表达式 3）
    C．for（表达式 1;表达式 1;表达式 3）　　D．for（表达式 1;表达式 3;表达式 3）

5. 以下对字符数组的描述中错误的是（　　　）。
    A．字符数组中可以存放字符串
    B．字符数组中的字符串可以整体输入、输出
    C．可以在赋值语句中通过赋值运算符"="对字符数组整体赋值
    D．不可以用关系运算符对字符数组中的字符串进行比较

6. 请选出合法的 C 语言赋值语句（　　　）。
    A．k=(int)(a+b);　　B．3+=i;　　　　C．a=b=58　　　　D．a=58,b=58

7. C 语言中规定，函数的返回值的类型由（　　　）。
    A．调用该函数时的主调用函数类型所决定

B．用该函数时系统临时指定

C．定义该函数时所指定的函数类型所决定

D．return 语句中的表达式的类型所决定

8．能正确表示逻辑关系 "a≥10 或 a≤0" 的 C 语言表达式是（　　）。

A．a>=10 or a<=0　　　　　　B．a>=10| a<=0

C．a>=10 && a<=0　　　　　　D．a>=10||a<=0

9．定义变量 "int a; float b;"，用 "scanf("a=%d, b=%f", &a,&f);" 输入 3 和 3.3 分别赋给 a 和 b，则正确的输入是（　　）。

A．3 3.3　　　　B．3, 3.3　　　　C．a=3, b=3.3　　　　D．a=3　b=3.3

10．以下关于 break 语句的描述，只有（　　）是正确的。

A．在循环语句中必须使用 break 语句

B．break 语句只能用于 switch 语句中

C．在循环语句中可以根据需要使用 break 语句

D．break 语句可以强制跳出所有循环

11．C 语言中的函数（　　）。

A．可嵌套定义　　　　　　　　B．嵌套调用和递归调用均可

C．不可嵌套调用　　　　　　　D．可嵌套调用但不可递归调用

12．以下描述中错误的是（　　）。

A．不同函数中声明的变量可以使用相同的变量名

B．函数的形式参数是局部变量

C．一个函数内部定义的变量只在本函数范围内有效

D．在一个函数内部的复合语句中定义的变量在本函数范围内有效

13．已知 int k,m=1;则执行语句 k=-m++;后，k 的值是（　　）。

A．1　　　　　B．0　　　　　C．-1　　　　　D．-2

14．对于以下函数定义：void fun(int n, double x) {…}，若以下选项中的变量都已正确定义并赋值，则调用函数 fun 的正确形式为（　　）。

A．fun(int y,double m);　　　B．k=fun(10,12.5);

C．fun(x,n);　　　　　　　　D．void fun(n,x);

15．在 C 语言中，二维数组元素在内存中的存放顺序是（　　）。

A．用户自定义　　B．按行存放　　C．按列存放　　　D．编译器决定

16．若要使函数中的局部变量在函数调用之间保持其值，该变量应该声明为（　　）。

A．static　　　B．auto　　　C．extern　　　D．register

17．设有说明 "int s[2]={0,1},*p=s;"，则下列错误的语句是（　　）。

A．p+=1;　　　B．s+=1;　　　C．*p++;　　　D．(*p)++;

18．设 "int a[][2]={1,2,3,4,5,6,7,8,9};"，则该数组第一维的长度为（　　）。

A．3　　　　　B．4　　　　　C．5　　　　　D．无确定值

19．判断字符串 a 和 b 是否相等，应当使用（　　）。

　　A．if(a==b)　　　B．if(a=b)　　　C．if(strcpy(a,b))　　　D．if(strcmp(a,b))

20．已知：

```
sturct  sk
{ int a;  float b;
}data,*p;
```

若有"p=&data;"，则对 data 的成员 a 的正确引用形式为（　　）。

　　A．(*p).data.a　　　B．p.data.a　　　C．p->data.a　　　D．p->a

二、填空题（50 分）

1．为了避免嵌套的 if…else 语句的二义性，C 语言规定 else 总是与＿＿（1）＿＿组成配对关系。

2．若有变量声明语句："int a，*b()，*c[6]，**d;"，则 a、b、c、d 所代表的数据类型分别是＿＿（2）＿＿、＿＿（3）＿＿、＿＿（4）＿＿、＿＿（5）＿＿。

3．构成 C 语言程序的基本单位是＿＿（6）＿＿，而一个完整的 C 语言程序必须有且仅有一个＿＿（7）＿＿。

4．已知 a、b 是 int 型变量，请填空，使得下面的语句能输出 a、b 中的最小值。

```
    printf ("%d",＿＿(8)＿＿);
```

5．已定义变量"int a=1，b=2，c=1;"，在执行语句"c=(a++，--b，a+(float)b+c);"后，c 的值为＿＿（9）＿＿。

6．若已声明"int j=5，m=2，k=7，n;"，则执行语句"n+=m*=n=j*k;"后，n 和 m 的值分别为＿＿（10）＿＿和＿＿（11）＿＿。

7．字符串是以＿＿（12）＿＿为结束标志的一串字符序列，则字符串"\"Name\\Address\023\n"在内存中的长度为＿＿（13）＿＿。

8．C 语言中，一个自定义函数由两个部分组成，它们是＿＿（14）＿＿和＿＿（15）＿＿。

9．定义变量"int n=10;"，则下列循环的输出结果是＿＿（16）＿＿。

```
    while(n>7)
    { n--; printf("%d",n);
    }
```

10．以下程序的运行结果为＿＿（17）＿＿。

```
. void main()
    { int a=5,b=0,c=0;
      if(a=b+c)printf("*** \n");
      else printf("$ $ $ \n");
    }
```

11．以下函数 conj 将两个字符串 str1 和 str2 连接起来，请填空。

```
    conj(char str1[ ], char str2[ ])
```

```
{ int i=0, j=0;
  while (str1[i]!=  (18)   )
     (19)   ;
  while (str2[j]!='\0')
     str1[i++]=str2[j++];
     (20)   ='\0';
}
```

12. 以下程序的运行结果是＿＿＿（21）＿＿＿。

```
void f1(int x, int y, int z)
{ x=111;  y=222;  z=333;
}
void main( )
{ int x=100, y=200, z=300;
  f1(x, y, z);
  printf("%d, %d, %d\n", z, y, x);
}
```

13. 以下程序从键盘输入 10 个整型数据，放入数组 a 中，求其最大值、最小值及其所在元素的下标，请完善程序。

```
void main()
{ int a[10], n, max, min, maxPos, minPos;
  for(n=0; n<10; n++)
     scanf("%d", &a[n]);
  max=min=a[0];      maxPos=minPos=0;
  for(n=0; n<10; n++)
  { if(   (22)   )
     { max=a[n];
       maxPos=   (23)   ;
     }
     else if(   (24)   )
     { min=a[n];
        minPos=   (25)   ;
     }
  }
}
```

三、编程题（30 分）

1. 有一篇文章，共有 3 行文字，每行有 40 个字符。编写程序分别统计出此文章中英文大写字母、小写字母、数字、空格及其他字符。

2. 编写函数 sort 实现利用选择法对任意 10 个整数进行从大到小的排序，并编写主函数调用 sort 函数。

参 考 答 案

一、单选题（共 20 分，每题 1 分）

1．D	2．A	3．B	4．B	5．C
6．A	7．C	8．D	9．C	10．C
11．B	12．D	13．C	14．C	15．B
16．A	17．B	18．C	19．D	20．D

二、填空题（共 50 分，每空 2 分）

（1）最近的无 else 与之配对的 if　　　（2）整型变量

（3）指针函数　　　（4）指针数组

（5）指针的指针　　　（6）函数

（7）主函数（main()函数）　　　（8）a<b? a:b

（9）4　　　（10）105

（11）70　　　（12）\0

（13）16　　　（14）函数头

（15）函数体[（14）～（15）无顺序]　　　（16）987

（17）$$$　　　（18）'\0'

（19）i++　　　（20）str1[i]

（21）300，200，100　　　（22）max<a[n]或 a[n]>max

（23）n　　　（24）min>a[n]或 a[n]<min

（25）n

三、编程题（共 30 分，每题 15 分）

1.

```c
#include <stdio.h>
main()
{
  int i,j,dx,xx,num,space,other;
  char c[3][40];
  dx=0;xx=0;num=0;space=0;other=0;
  printf("enter three string zf:\n");
  for (i=0;i<3;i++)
    gets (c[i]);
  for (i=0;i<3;i++)
    for (j=0;j<40;j++)
      if(c[i][j]>='A'&&c[i][j]<='Z')
          dx=dx+1;
      else   if(c[i][j]>='a'&&c[i][j]<='z')
          xx=xx+1;
```

```
     else  if(c[i][j]>='0'&& c[i][j]<='9')
          num=num+1;
     else  if (c[i][j]==' ')
          space=space+1;
     else  if (c[i][j]=='\0')
          break;
     else
          other=other+1;
  printf ("Capitals: %d\n",dx);
  printf ("Smalls: %d\n", xx);
  printf ("Digits: %d\n", num);
  printf ("Spaces: %d\n", space);
  printf ("Others: %d\n", other);
}
```

2.

```
#include<stdio.h>
#define N 10
void sort(int a[N])
{int i,t,j,max;
  for(i=0;i<N-1;i++)
  {max=i;
   for(j=i+1;j<N;j++)
   {if(a[j]>a[max])
    max=j;
    }
   if(max!=i)
   {t=a[i];a[i]=a[max];a[max]=t;}
   }
}

void main()
{ int data[N],i;
  for(i=0;i<N;i++)
    scanf("%d",&data[i]);
  sort(data);
  for(i=0;i<N;i++)
    printf("%d,",data[i]);
}
```

第四部分　C++语言程序设计模拟试题及参考答案

试题6 C++语言程序设计模拟试题（Ⅰ）及参考答案

模 拟 试 题

一、单选题（20分）

1. 对于 C++函数，下面叙述正确的是（   ）。
   - A. 函数的定义不能嵌套，但函数的调用可以嵌套
   - B. 函数的定义可以嵌套，但函数的调用不能嵌套
   - C. 函数的定义和调用都不能嵌套
   - D. 函数的定义和调用都可以嵌套

2. 假设已经定义 "const char *name="chen";"，下面的语句中错误的是（   ）。
   - A. name[3]='q';
   - B. name="lin";
   - C. name=new char[5];
   - D. name=new char('q');

3. 关于 delete 运算符的下列描述中，（   ）是错误的。
   - A. 它必须用于 new 返回的指针
   - B. 使用它删除对象时要调用析构函数
   - C. 对一个指针可以使用多次该运算符
   - D. 指针名前只有一对方括号符号，不管所删除数组的维数

4. 模板的使用是为了（   ）。
   - A. 提高代码的可重用性
   - B. 提高代码的运行效率
   - C. 加强类的封装性
   - D. 实现多态性

5. 对于下面四个函数，（   ）是重载函数。
   - （1）void f(int x,float y) {…};
   - （2）int f(int a,float b) {…};
   - （3）int f(int i,int j) {…};
   - （4）float k(int x) {…};
   - A. 四个全部
   - B. （1）和（2）
   - C. （2）和（3）
   - D. （3）和（4）

6. （   ）是析构函数的特征。
   - A. 析构函数可以有一个或多个参数
   - B. 析构函数名与类名不同
   - C. 析构函数的定义只能在类体内
   - D. 一个类中只能定义一个析构函数

7．已知 print() 函数是一个类的常成员函数，它无返回值，下列表示中，（　　）是正确的。

    A．void print() const;　　　　　　　　B．const void print();

    C．void const print();　　　　　　　　D．void print(const);

8．已知类 A 中一个成员函数说明如下：

```
void Set(A&a);
```

其中，A&a 的含义是（　　）。

    A．指向类 A 的指针为 a

    B．将 a 的地址值赋给变量 Set

    C．a 是类 A 的对象引用，用来作为函数 Set() 的形参

    D．变量 A 与 a 按位相与作为函数 Set() 的参数

9．以下类的说明，请指出错误的地方（　　）。

```
Class CSample
{
    int a=2.5;              A
    CSample();              B
  public:
    CSample(int val);       C
    ~CSample();             D
};
```

10．构造函数是在（　　）时被执行的。

    A．程序编译　　　　　B．创建对象　　　　C．创建类　　　　D．程序装入内存

11．C++的继承性允许派生类继承基类的（　　）。

    A．部分特性，并允许增加新的特性或重定义基类的特性

    B．部分特性，但不允许增加新的特性或重定义基类的特性

    C．所有特性，并允许增加新的特性或重定义基类的特性

    D．所有特性，但不允许增加新的特性或重定义基类的特性

12．若类 X 和类 Y 的定义如下：

```
class X
{   int a,b;
    public: void fx ( );} ;
class Y: public X
{   int c;
    public: void fy ( );};
    void Y::fy ( ) {   c=a*b;  }
};
```

则上述代码中，（　　）是非法的语句。

    A．void fx();　　　　B．c=a*b;　　　　C．void fy();　　　D．int c;

13．下面叙述不正确的是（　　）。

　　A．成员的访问能力在 private 派生类中和 public 派生类中仍是不同的

　　B．基类的 private 成员在 public 派生类中不可访问

　　C．赋值兼容规则不适合于多重继承的组合

　　D．public 基类成员在 protected 派生中是 protected

14．以下程序的输出结果为（　　）。

```
#include<iostream.h>
class A
{ public:
int n; };
class B:virtual public A{};
class C:virtual public A{};
class D:public B,public C
{ int getn(){return B::n;} };
void main()
{ D d; d.B::n=10; d.C::n=20;  cout<<d.B::n<<","<<d.C::n<<endl; }
```

　　A．10，20　　　　　　　　　B．20，20

　　C．10，10　　　　　　　　　D．输出有二义性，不确定

15．假设已经定义好了一个类 student，现在要定义类 derived，它是从 student 私有派生的，定义类 derived 的正确写法是（　　）。

　　A．class derived :: student private{…}

　　B．class derived :: student public{…}

　　C．class derived :: private student {…}

　　D．class derived :: public student{…}

16．下列运算符中，（　　）运算符在 C++中不能重载。

　　A．>　　　　　　　B．[ ]　　　　　　　C．::　　　　　　　D．<<

17．下列关于运算符重载的描述中，（　　）是正确的。

　　A．运算符重载可以改变运算符的个数

　　B．运算符重载可以改变优先级

　　C．运算符重载可以改变结合性

　　D．运算符重载不可以改变语法结构

18．假定要对类 AB 定义加号操作符重载成员函数，实现两个 AB 类对象的加法，并返回相加结果，则该成员函数的声明语句为（　　）。

　　A．AB　operator+(AB　& a , AB　& b)

　　B．AB　operator+(AB　& a)

　　C．operator+(AB　a)

　　D．AB　& operator+( )

19．要实现动态联编，派生类中的虚函数（　　　）。

  A．参数个数必须与函数的原型相同，参数类型可以与函数的原型不同

  B．参数类型必须与函数的原型相同，返回类型可以与函数的原型不同

  C．参数个数、类型和顺序必须与函数的原型相同，返回类型必须与函数的原型相同

  D．以上都对

20．假设定义了函数模板：

```
template <class T>
T max(T x,T y){ return(x>y)?x:y;}
```

并定义了"int i;char c;"，错误的调用语句是（　　　）。

  A．max(i,i)；   B．max(c,c)；

  C．max((int)c,i)；   D．max(i,c)；

二、填空题（50分）

1．面向对象的程序设计有四大特征，它们是抽象、封装、＿＿＿（1）＿＿＿、＿＿＿（2）＿＿＿。

2．引用变量与被引用变量占有＿＿＿（3）＿＿＿内存单元。

3．＿＿＿（4）＿＿＿是一种特殊的成员函数，它主要用来为对象分配内存空间，对类的数据成员进行初始化并执行对象的其他内部管理操作。

4．在C++中函数参数的传递方式有三种，分别是＿＿＿（5）＿＿＿、＿＿＿（6）＿＿＿和＿＿＿（7）＿＿＿。

5．公有派生类不能访问基类的＿＿＿（8）＿＿＿成员，但是派生类可以访问基类的＿＿＿（9）＿＿＿成员和＿＿＿（10）＿＿＿成员。

6．C++支持的两种多态性分别是＿＿＿（11）＿＿＿多态性和＿＿＿（12）＿＿＿多态性。

7．

```
#include <iostream.h>
void main(void)
{   for(int a=1,b=1;a<=5;a++)
    {   if(b>=8) break;
        if(b%2==1){b+=7;continue;}
        b-=3; }
    cout<<"a="<<a<<'\n'<<"b="<<b<<'\n';}
```

程序输出结果是 a=＿＿＿（13）＿＿＿，b=＿＿＿（14）＿＿＿。

8．以下程序执行完成后，输出结果第二行是＿＿＿（15）＿＿＿，第三行是＿＿＿（16）＿＿＿。

```
#include<iostream.h>
void f(float x=5, int y=16, char z='C');
void main( )
{   float a=1.6; int b=2; char c='D';
    f(); f(a); f(a,b); f(a,b,c); }
void f(float x, int y, char z)
{   cout<<"x="<<x<<" y="<<y<<" z="<<z<<endl; }
```

9．以下程序执行后，输出结果的第二行是＿＿＿（17）＿＿＿，第三行是＿＿＿（18）＿＿＿。

```
# include <iostream.h>
class Sample
{ public:
    Sample () { cout << "constructore" << endl; }};
void fn (int i){  static Sample c;    cout << "i=" << i << endl;}
void main ()
{   fn (10) ;     fn (20)  ;}
```

10. 以下程序的运行结果是____（19）____。

```
# include <iostream>
using namespace std;
class sample{
   public:
   sample(int i,int j){x=i;y=j;}
   viod disp (){cout<<"disp1"<<endl;}
   void disp( ) const  {cout<<"disp2"<<endl;}
private:
   int x,y;};
   int main()
{ const sample a(1,2);a.disp();return 0;}
```

11. 以下程序的运行结果是____（20）____。

```
#include<iostream.h>
class A{
private: int x;
public:
   A(int x1)   { x=x1;}
   void print(){cout<<"x="<<x;}
};
class B: private A{
   private: int y;
   public:
     B(int x1,int y1):A(x1)          { y=y1;}
     A::print;
};
void main()
{   B b(20,10);       b.print();  }
```

12. 指出下面程序段的错误行，并说明原因：____（21）____。

```
1 #include<iostream.h>
2 class A {
3  public: void print1(){cout<<"A"<<endl;}
4 };
5  class B:public A
6 {  public:void print2(){cout<<"B"<<endl;}
7 };
```

```
8    void main()
9    { A oo1,*ptr;
10      B oo2;
11     ptr=&oo1;
12     ptr->print1();
13     ptr=&oo2;
14     ptr->print1();
15     ptr->print2();
16   }
```

13．以下程序执行后，输出结果的第二行是_____(22)_____，第五行是_____(23)_____。

```
#include <iostream>
using namespace std;
class base1
{  public:
     base1()
       { cout<<"class base1"<<endl; };
};
class base2
{  public:
     base2()
       { cout<<"class base2"<<endl; };
};
class level1:public base2,virtual public base1
{
    public:
     level1()
       { cout<<"class level1"<<endl; };
};
class level2:public base2,virtual public base1
{
    public:
     level2()
       { cout<<"class level2"<<endl; };
};
class toplevel:public level1,virtual public level2
{
    public:
     toplevel()
       { cout<<"class toplevel"<<endl;  };
};
int main()  {toplevel obj;  return 0; }
```

14．下面程序意图把 base 和 derived 中的 fun1、fun2 函数说明为虚函数，从而利用 base 基类的指针实现动态联编。程序是否正确？请解释原因：_____(24)_____。

```
#include<iostream.h>
class base
{  public:
   virtual int fun1(int a,int b,int c)=0;
   float fun2(int d){ }
};
class derived:public base
{  public:
      int fun1(int a,int b,int c){    return 0;   }
      virtual float fun2(int d)  {…}
};
```

15. 以下程序执行后，输出结果的第三行是____(25)____。

```
#include<iostream.h>
class Sample
{ private:
int x;
  public:
     Sample(){ x=0; }
     void disp()   { cout<<"x="<<x<<endl; }
     void operator++() { x+=10; }
};
void main()
{  Sample  obj;
   obj.disp();
   obj++;
   cout<<"执行 obj++之后"<<endl;
   obj.disp();
}
```

三、编程题（30 分）

1. 建立类 cylinder。cylinder 的构造函数传递了两个 double 参数值，分别表示圆柱体的半径和高度。在构造函数中计算圆柱体的体积，并存储在一个 double 变量中。成员函数 vol 用来显示每个 cylinder 对象的体积，最后用主函数测试类。

2. 定义一个表示三维空间坐标点的类，并对下列运算符重载。

（1）"<<"：按(x,y,z)格式输出该点坐标（坐标为整型）；

（2）">"：如果 A 点到原点的距离大于 B 点到原点的距离，则 A>B 为真，否则为假。最后用主函数测试这些重载函数。

参 考 答 案

一、单选题（共 20 分，每题 1 分）

1. A	2. A	3. C	4. A	5. C
6. D	7. A	8. C	9. A	10. B
11. C	12. B	13. C	14. B	15. C
16. C	17. D	18. B	19. C	20. D

二、填空题（共 50 分，每空 2 分）

（1）继承　　　　　　　　　　（2）多态

（3）相同的　　　　　　　　　（4）构造函数

（5）值传递　　　　　　　　　（6）地址传递

（7）引用传递　　　　　　　　（8）私有成员

（9）保护成员　　　　　　　　（10）公有成员

（11）编译时的（或静态）　　　（12）运行时的（或动态）

（13）2　　　　　　　　　　　（14）8

（15）x=1.6　y=16　z=C　　　（16）x=1.6　y=2　z=C

（17）i = 10　　　　　　　　　（18）i = 20

（19）disp2　　　　　　　　　（20）20

（21）15 行，基类指针对象不可以直接访问派生类中定义的成员

（22）class base2　　　　　　　（23）class level1

（24）不正确，对 fun2 函数，声明虚函数需要在基类 base 中进行，故不符合要求

（25）10

三、编程题（共 30 分，每题 15 分）

1.

```cpp
#include<iostream>
using namespace std;
class cylinder
{
  public:
    cylinder(double a,double b);
    void vol();
  private:
    double r,h;
double volume;
};
cylinder:: cylinder(double a,double b)
{
  r=a; h=b;
```

```
        volume = 3.141593 * r * r * h;
    }
    void Cylinder:: vol()
    {
        cout<<"volume is:"<<volume<<"\n";
    }
    int main()
    {
        cylinde x(2.2,8.09);
        x.vol();
        return 0;
    }
```

2.

```
    #include<iostream.h>
    class   vector3
    {
        private:
            float   x, y, z;
        public:
            vector3(float x1=0.0,float y1=0.0, float z1=0.0) : x( x1), y(y1), z(z1) {}
            ~vector3()   {}
            bool   operator>(const vector3 &B1)
            {   return (( x *x + y* y+ z * z ) >(B1.x
*B1.x+B1.y*B1.y+B1.z*B1.z)); }
            friend  ostream& operator<<(ostream &os,vector3  v);
    };
    ostream& operator<<(ostream &os,vector3  v)
    {
        os<<"("<<v.x <<","<<v.y<<","<<v.z<<")";
        return os;
    }
    void main()
    {
            vector3   v1(1,2,3);
            vector3   v2(4,5,6);
            cout<<v1<<endl;
            cout<<v2<<endl;
            cout<<(v2>v1)<<endl;
    }
```

试题7 C++语言程序设计模拟试题（Ⅱ）及参考答案

模 拟 试 题

一、单选题（20分）

1. 在 C++中实现封装借助于（　　）。

   A．枚举　　　　　　　　B．类　　　　　　　C．数组　　　　　　D．函数

2. 在（　　）情况下适宜采用内联函数。

   A．函数代码小，频繁调用　　　　　　B．函数代码多，频繁调用

   C．函数体含有递归语句　　　　　　　D．函数体含有循环语句

3. 重载函数在调用时，以（　　）为选择依据是错误的。

   A．函数名　　　　　　　　　　　　　B．函数的返回值类型

   C．参数的个数　　　　　　　　　　　D．参数的类型

4. 模板的使用是为了（　　）。

   A．提高代码的可重用性　　　　　　　B．提高代码的运行效率

   C．加强类的封装性　　　　　　　　　D．实现多态性

5. 对于任意一个类，析构函数的个数最多为（　　）。

   A．0　　　　　　　B．1　　　　　　C．2　　　　　　D．3

6. 下列程序的运行结果是（　　）。

```cpp
#include<iostream>
using namespace std;
const A=2+4;
const B=A*3;
int main()
{ cout<<B<<endl;
  return 0;}
```

   A．14　　　　　　　B．18　　　　　　C．12　　　　　　D．6

7. 在类的定义形式中，数据成员、成员函数和（　　）组成类定义体。

   A．成员的访问控制信息　　　　　　　B．公有消息

   C．私有消息　　　　　　　　　　　　D．保护消息

8. 下列有关类和对象的说法不正确的是（　　）。

    A．对象是类的一个实例

    B．任何一个对象只能属于一个具体的类

    C．一个类只能有一个对象

    D．类与对象的关系和数据类型和变量的关系相似

9. 已知类 A 是类 B 的友元，类 B 是类 C 的友元，则（　　）。

    A．类 A 一定是类 C 的友元

    B．类 C 一定是类 A 的友元

    C．类 C 的成员函数可以访问类 B 的所有成员

    D．类 A 的成员函数可以访问类 B 的所有成员

10. 设函数 void swap（int&，int&）将交换两形参的值，如两整型变量"int a=10;int b=15;"，则执行 swap（a，b）后，a、b 的值分别为（　　）。

    A．10，10　　　　　B．10，15　　　　C．15，10　　　　D．15，15

11. 在声明类时，下面说法正确的是（　　）。

    A．可以在类的声明中给数据成员赋初值

    B．数据成员的类型可以是 register

    C．public、private、protected 这三种属性的成员可以按任意顺序出现

    D．没有用 public、private、protected 定义的成员是公有成员

12. 派生类的对象可以访问以下哪种情况继承的基类成员（　　）。

    A．私有继承的私有成员　　　　　　　B．公有继承的私有成员

    C．私有继承的保护成员　　　　　　　D．公有继承的公有成员

13. 撤销包含有类对象成员的派生类对象时，析构函数的执行顺序依次为（　　）。

    A．自己所属类、对象成员所属类、基类

    B．对象成员所属类、基类、自己所属类

    C．基类、对象成员所属类、自己所属类

    D．基类、自己所属类、对象成员所属类

14. 已知：p 是一个指向类 A 数据成员 m 的指针，A1 是类 A 的一个对象。如果要给 m 赋值为 5，则（　　）是正确的。

    A．A1.p=5　　　B．A1->p=5　　　C．A1.*p=5　　　D．*A1.p=5

15. 下列关于运算符重载的描述中，（　　）是正确的。

    A．运算符重载不可以改变操作数的个数

    B．运算符重载可以改变优先级

    C．运算符重载可以改变结合性

    D．所有运算符都可以重载

16. 下列运算符中，（　　）在 C++中不能被重载。

    A．?:　　　　　　　B．+　　　　　　　C．-　　　　　　　D．<=

17. 对于以下类定义：

```
class A
{ public:
        virtual void func1( ){ }
        void func2( ){ } };
class B:public A
{ public:
        void func1( ){cout<< " class B func 1 " <<end1;}
        virtual void func2( ){cout<< " class B func 2 " <<end1;} };
```

下面叙述正确的是（　　）。

    A．A::func2( )和 B::func1( )都是虚函数

    B．A::func2( )和 B::func1( )都不是虚函数

    C．B::func1( )是虚函数，而 A::func2( )不是虚函数

    D．B::func1( )不是虚函数，而 A::func2( )是虚函数

18. 以下程序的输出结果是（　　）。

```
#include<iostream >
using namespace std;
class A
{ public: int n; };
class B:virtual public A{};
class C:virtual public A{};
class D:public B,public C
{
    int getn(){return B::n;}
};
int main()
{
    D d; d.B::n=10; d.C::n=20;
    cout<<d.B::n<<","<<d.C::n<<endl;
    return 0;
}
```

    A．10，20　　　　　　　　　　　　B．20，20

    C．10，10　　　　　　　　　　　　D．输出有二义性，不确定

19. 如果一个派生类的基类不止一个，则这种继承称为（　　）。

    A．单继承　　　　B．虚继承　　　　　C．多态继承　　　　　D．多重继承

20. 假设定义了函数模板：

```
template <class T>
T max(T x,T y){ return(x>y)?x:y;}
```

并定义了 "int i;char c;"，错误的调用语句是（　　）。

    A．max(i,i);　　　　B．max(c,c);　　　　C．max((int)c,i);　　　　D．max(i,c);

二、填空题（50 分）

1．在 C++中派生类时，可以有____(1)____、____(2)____和____(3)____三种不同的派生方式。

2．C++支持的两种多态性分别是____(4)____多态性和____(5)____多态性。

3．在多重派生中，要使公共基类在派生类中只有一个复制，必须将该基类说明为____(6)____。

4．____(7)____运算符能够用于访问当前作用域内与局部变量同名的全局变量。

5．结构体中数据成员和成员函数默认的访问属性为____(8)____。

6．____(9)____是一种特殊的成员函数，它主要用来为对象分配内存空间，对类的数据成员进行初始化并执行对象的其他内部管理操作。

7．若要把类外定义的成员函数规定为内联函数，则必须把____(10)____关键字放到函数原型前面。

8．以下程序输出结果的第一行是____(11)____，第二行是____(12)____。

```
#include <iostream>
using namespace std;
int x=100;
int main( )
{   int x=200;x+=::x;
    {int x=500;::x+=x;}
    cout<<x<<'\n';cout<<::x<<'\n';
    return 0 ;}
```

9．以下程序输出结果的第二行是____(13)____，第三行是____(14)____。

```
#include <iostream>
using namespace std;
void f(float x=5, int y=16, char z='c');
int main( )
{   float a=1.6;  int b=2; char c='d';
    f();f(a);f(a,b);  f(a,b,c);
    return 0; }
void f(float x, int y, char z)
{   cout<<"x="<<x<<" y="<<y<<" z="<<z<<endl; }
```

10．以下程序输出结果的第三行是____(15)____。

```
#include <iostream>
using namespace std;
class Sample
{ public:  Sample () { cout << "constructor" << endl; }};
void fn (int i)
{  static Sample c;   cout << "i=" << i << endl;}
int main ()
{   fn (10);   fn (20);  return 0; }
```

11. 以下程序输出结果的第一行是＿＿＿（16）＿＿＿，第二行是＿＿＿（17）＿＿＿。

```cpp
#include<iostream>
using namespace std;
void f1(int a,int b)
{ int t=a;    a=b;    b=t; }
   void f2(int &a,int b)
{ int  t=a;    a=b;    b=t; }
int main()
{
      int x=1,y=2;
      f1(x, y);cout<<x<<y<<endl;
      f2(x, y);cout<<x<<y<<endl;
      return  0;
}
```

12. 以下程序编译时会在主函数的第二行报错，根据注释的说明，补充完善程序，使程序正确运行。

```cpp
#include<iostream>
using namespace std;
class A{
   private: int x;
   public:
     A(int x1)  { x=x1;}
     void print()   {cout<<"x="<<x;}};
class B: private A{
private: int y;
public:
   B(int x1,int y1):A(x1)
       { y=y1;}
       ____(18)____ ; //利用访问声明调整基类print()函数的访问属性
};
int  main()
{  B b(20,10);   b.print();   return  0;}
```

13. 指出下面程序段的错误行，并说明原因：＿＿＿＿（19）＿＿＿＿。

```cpp
1  #include<iostream>
2  using namespace std;
3  class base {
4    public: void pbase(){cout<<"base"<<endl;}
5  };
6  class derive :private base
7  { public:void pderive(){cout<<"dervie"<<endl;}
8  };
9   void main()
10  { base op1,*ptr;
```

```
11      deiver op2;
12      ptr=&op1;
13      ptr=&op2;
14   }
```

14. 以下程序输出结果的第一行是＿＿＿（20）＿＿＿，第二行是＿＿＿（21）＿＿＿。

```
#include<iostream>
using namespace std;
class X{
public:
    void f(){cout<<"X::f() executing\n";}};
class Y:public X{
public:
    void f(){cout<<"Y::f() executing\n";}};
void main()
{
    X x;
    Y y;
    X *p=&x;  p->f();
    p=&y;     p->f();
}
```

15. 以下程序的输出结果是＿＿＿（22）＿＿＿。

```
#include<iostream>
using namespace std;
class Complex{
public:
    Complex(){}
    Complex(int r,int i){real=r; imag=i;}
Complex(int i){real=imag=i/2;}
    operator int(){return real+imag;}
    void print(){cout<<"real:"<<real<<"\t"<<"imag:"<<imag<<endl;}
private:
    int real,imag;
};
int main()
{
    Complex a1(1,2),  a2(3,4);   Complex a3;
    a3=a1+a2; a3.print();
    return 0;
}
```

16. 以下程序中，L 类成员 int x、Y 类成员 int GetX(){return x;}，在 Z 类中分别具有＿＿＿（23）＿＿＿和＿＿＿（24）＿＿＿属性；程序输出结果的第一行是＿＿＿（25）＿＿＿。

```
#include <iostream.h>
class L{
    protected:
```

```
        int x;
      public:L(int a){x=a;}
};
class X:public L{
    public:
     X(int a):L(a){};
    int GetX(){return x;};
};
class Y:public L{
    public:
        Y(int a):L(a){};
        int GetX(){return x;};
};
class Z:public X,public Y{
    public:
        Z(int a):X(a+10),Y(a+20){ };
};
void main()
{
    Z z(20);
    cout<<z.X::GetX()<<endl;    cout<<z.Y::GetX()<<endl;
}
```

三、编程题（30分）

1. 编写一个 C++风格的程序，建立一个名为 sroot()的函数，函数的返回值是其参数的二次方根的两倍。重载该函数三次，让它可以计算并返回整数、长整数和双精度数的二次方根的两倍（计算二次方根时，可以使用标准库函数 sqrt()），在主函数中分别用整数、长整数和双精度数据来检验 sroot()函数的功能。

2. 定义一个 circle（圆形）类，该类中除了构造函数，还含有一个数据成员 radius（半径)和一个成员函数 area()（用来计算并返回圆的面积)。再利用 circle 作为基类派生 cylinder（圆柱）类，该类中除了构造函数，还有成员函数 volume()（用来计算并返回圆柱的体积)。在主函数中声明派生类的对象，初始化对象并输出对象的体积。

参 考 答 案

一、单选题（共20分，每题1分）

1. B	2. A	3. B	4. A	5. B
6. B	7. A	8. C	9. D	10. C
11. C	12. D	13. A	14. C	15. A
16. A	17. C	18. B	19. D	20. D

二、填空题（共 50 分，每空 2 分）

（1）公有（public）

（2）私有（private）

（3）保护（protected）

（4）静态/编译时

（5）动态 /运行时

（6）虚基类（virtual）

（7）作用域运算符（::）

（8）公有（public）

（9）构造函数

（10）inline

（11）300

（12）600

（13）x=1.6 y=16 z=C

（14）x=1.6   y=2   z=C

（15）i=20

（16）12

（17）22

（18）A::print;

（19）13 行有错，基类指针不可以指向私有派生对象

（20）X::f() executing

（21）X::f() executing

（22）real：5   imag：5

（23）protected

（24）public

（25）30

三、编程题（共 30 分，每题 15 分）

1.

```cpp
#include<iostream.h>
#include<math.h>
double sroot(int i)
 {return 2*sqrt(i);}
double sroot(long i)
  {return 2*sqrt(i);}
double sroot(double i)
 {return 2*sqrt(i);}
int main()
{
    int i=12;
    long l =1234;
    double d=12.34;
    cout<<"i 的二次方根是"<<sroot(i)<<endl;
    cout<<"j 的二次方根是"<<sroot(i)<<endl;
    cout<<"d 的二次方根是"<<sroot(i)<<endl;
    return 0;
}
```

2.

```cpp
#include <iostream>
using namespace std;
const double Pi=3.1415926;
class circle {
 double radius;
```

```
 public:
    circle(double r){radius=r;}
    double area()  {return Pi*radius*radius;}
};
class cylinder:public circle
{
  double height;
  public:
    cylinder(double r,double h):circle(r)
    {height=h;}
    double volume(){return area()*height;}
};
int main()
{
    cylinder obj1(5,5);
    cout<<"圆柱的体积为: "<<obj1.volume()<<endl;
    return 0;
}
```

试题 8 C++语言程序设计模拟试题（Ⅲ）及参考答案

模 拟 试 题

一、单选题（20 分）

1．面向对象的程序设计将数据与（   ）放在一起，作为一个相互依存、不可分割的整体来处理。

  A．对数据的操作 B．信息   C．数据隐藏   D．数据抽象

2．下列有关类和对象的说法中，正确的是（   ）。

  A．类与对象没有区别

  B．类与对象都要分配存储空间

  C．对象是类的实例，为对象分配存储空间而不为类分配存储空间

  D．类是对象的实例，为类分配存储空间而不为对象分配存储空间

3．对于任意一个类，析构函数的个数最多为（   ）。

  A．0   B．1   C．2   D．3

4．模板的使用是为了（   ）。

  A．提高代码的可重用性   B．提高代码的运行效率

  C．加强类的封装性   D．实现多态性

5．有关函数重载的说法正确的是（   ）。

  A．函数名不同，但参数的个数和类型相同

  B．函数名相同，但参数的个数不同或参数的类型不同

  C．函数名相同，参数的个数和类型也相同

  D．函数名相同，函数的返回值不同，而与函数的参数和类型无关

6．有关构造函数的说法不正确的是（   ）。

  A．构造函数的名字和类的名字一样

  B．构造函数在说明类变量时自动执行

  C．构造函数无任何函数类型

  D．构造函数有且只有一个

7．设 A 被声明为 B 的友元，则下列说法正确的是（   ）。

  A．A 类中的所有成员函数只能访问 B 类中的公有成员

B．B 类中的所有成员函数都可以访问 A 类中的私有成员

C．A 类中的所有成员函数都可以访问 B 类中的私有成员

D．A 与 B 可以互访

8．派生类的对象对它的基类成员中的（　　　）是可以访问的。

A．公有继承的公有成员　　　　　　　　　B．公有继承的私有成员

C．私有继承的公有成员　　　　　　　　　D．私有继承的私有成员

9．继承具有（　　　），当基类本身也是某一个类的派生类时，底层的派生类也自动继承间接基类的成员。

A．传递性　　　　　　B．多样性　　　　　C．重复性　　　　D．规律性

10．虚函数必须是一个类的（　　　）函数。

A．成员函数　　　　　B．友元　　　　　　C．构造函数　　　D．静态函数

11．假设已经有定义"const char *const name="huang";"，下面的语句中正确的是（　　　）。

A．cout<<name[3];　　　　　　　　　　　B．name=new char[5];

C．name="lin";　　　　　　　　　　　　　D．name[3]='a';

12．使用"myFile.open("Sales.dat",ios::app);"语句打开文件 Sales.dat 后，则（　　　）。

A．该文件只能用于输出

B．该文件只能用于输入

C．该文件既可以用于输出，又可以用于输入

D．若该文件存在，则清除该文件的内容

13．建立包含类对象成员的派生类对象时,自动调用构造函数的执行顺序依次为（　　　）的构造函数。

A．自己所属类、对象成员所属类、基类

B．对象成员所属类、基类、自己所属类

C．基类、对象成员所属类、自己所属类

D．基类、自己所属类、对象成员所属类

14．C++中函数原型包含（　　　）。

A．函数名、形式参数的类型和个数、函数返回值的类型

B．函数名、函数返回值的类型

C．函数名、形式参数的类型、函数返回值的类型

D．函数名、形式参数的个数

15．在一般情况下，成员函数运算符重载其形参的个数为（　　　）。

A．原操作数个数　　　　　　　　　　　　B．原操作数-1

C．无须操作数　　　　　　　　　　　　　D．任意个数

16．下列叙述中不正确的是（　　　）。

A．含纯虚函数的类称为抽象类　　　　　　B．不能直接由抽象类建立对象

C．抽象类能作为派生类和基类　　　　　　D．纯虚函数不能定义其实现部分

17．在 C++中，关于下列设置参数默认值的描述正确的是（　　　）。

　　A．不允许设置参数的默认值

　　B．设置参数默认值只能在定义函数时设置

　　C．设置默认参数时，应该先设置右边的后设置左边的

　　D．设置默认参数时，必须全部参数都设置

18．已知类 A 中的一个成员函数说明如下：

```
void Set (A &a);
```

其中 A &a 的含义是（　　　）。

　　A．指向类 A 的指针为 a

　　B．将 a 的地址值赋给变量 Set

　　C．a 是类 A 的对象引用，用来作为函数 Set()的形参

　　D．变量 A 与 a 按位相与作为函数 Set()的参数

19．下列关于动态联编的描述中，（　　　）是错误的。

　　A．动态联编是以虚函数为基础的

　　B．动态联编是在运行时确定所调用的函数代码

　　C．动态联编调用函数操作是指向对象的指针或对象引用

　　D．动态联编是在编译时确定操作函数

20．下列引用的定义中，（　　　）是正确的。

　　A．int i, &j=i;　　　　　　　　　　B．int i; int &j=&i;

　　C．float i,&j; j=i;　　　　　　　　D．char d; char &k=&d;

二、填空题（50 分）

1．在 C++类中可以包含___(1)___、___(2)___和___(3)___三种具有不同访问控制权的成员。

2．C++支持的两种多态性分别是___(4)___多态性和___(5)___多态性。

3．若要把类外定义的成员函数规定为内联函数，则必须把___(6)___关键字放到函数原型前面。

4．C++支持面向对象程序设计的四个要素是：抽象性、___(7)___、___(8)___、___(9)___。

5．下面程序运行结果的第一行是___(10)___，第二行是___(11)___。

```cpp
#include<iostream>
using namespace std;
void f1(int a,int b)
{ int t=a;    a=b;    b=t; }
  void f2(int &a,int &b)
{ int t=a;    a=b;    b=t; }
int main()
{    int x=1,y=2;
    f1(x, y);
    cout<<x<<"\t"<<y<<endl;
    f2(x, y);
```

```
        cout<<x<<"\t"<<y<<endl;
        return  0;}
```

6. 下面程序运行结果的第一行是___(12)___，第二行是___(13)___，第三行是___(14)___。

```
    #include<iostream>
    using namespace std;
    class A{
      public:
        A(int i,int j)          { a=i;b=j; }
        void move(int x,int y) { a+=x;b+=y; }
        void show()        { cout <<"("<<a<<","<<b<<")"<<endl; }
      private:        int a,b;
    };
    class B:private A {
      public:
        B(int i,int j,int k,int l):A(i,j) { x=k;y=l; }
        void show() { cout<<x<<","<<y<<endl; }
        void fun() { move(3,5); }
        void f1() { A::show(); }
      private:
        int x,y;
    };
    int   main()
    { A e(1,2);          e.show();
      B d(3,4,5,6);      d.show();
      d.fun();           d.f1();
      return  0;}
```

7. 下面程序运行结果的第一行是___(15)___，第二行是___(16)___。

```
    #include <iostream>
    using namespace std;
    class A{
      public:virtual void print(){cout<<"m"<<"n"<<"\n";}};
    class B:public A{
       public:void print(){cout<<"o"<<"p"<<"\n";} };
    class C:public A{
       public:void print(int S=0){cout<<"s"<<"q"<<"\n";} };
    int main()
    {   B b; C c;
        A *ap=&b;    ap->print();
        *ap=&c;     ap->print();
        return  0;}
```

8. 以下程序的第一行输出为___(17)___，最后一行输出为___(18)___。

```
    #include<iostream>
    using namespace std;
```

```
class sample
{   int n;
     static int k;
     public:
        sample(int i) { n=i; k++; };
        void disp();};
     void sample:: disp ()
     { cout<<"n=" <<n <<", k=" <<k <<endl; }
     int sample:: k=0;
     int main ()
     { sample a(10), b (20) , c(30) ;
       disp(); b.disp(); c.disp();
     return  0;}
```

9. 以下程序编译时会在主函数第二行报错，根据注释的说明补充完善程序，使得程序正确运行。

```
#include<iostream.h>
class A{
private: int x;
public:
    A(int x1)    { x=x1;}
    void print()
    {cout<<"x="<<x;}};
class B: private A{
private: int y;
public:
    B(int x1,int y1):A(x1)
        {  y=y1;}
        _____(19)_____;  //利用访问声明调整基类print()函数的访问属性
};
int  main()
{   B b(20,10);   b.print();   return  0;}
```

10. 根据注释的说明补充完善下面的程序。

```
#include<iostream>
using namespace std;
 class  Point {                          //坐标点类定义
    int  x , y;                          //坐标点(x , y)
 public :
    Point( ) {  x = y = 0;  }
    Point(int  xx , int  yy) {___(20)___}  //有参构造函数，初始化坐标
    int  GetX( ) { return  x; }            //取 x 坐标
    int  GetY( ) { return  y; }            //取 y 坐标
    void  Print( )                         //输出坐标点的值
    {  cout  <<"Point("<<x<<","<<y<<")"<<endl;}
        _____(21)_____;      //加号操作符友元重载函数的声明
```

```
                (22)            (Point pt1 , Point pt2)
    //加号操作符重载函数，实现两个 Point 类对象的加法
{
    Point temp = pt1;
    temp.x += pt2.x;
    temp.y += pt2.y;
    return temp;}
```

11. 指出下面程序段的错误行，并说明原因：____(23)____。

```
1  #include<iostream>
2  using namespace std;
3  class A {
4  public: void print1(){cout<<"A"<<endl;}
5  };
6  class B:public A
7  { public:void print2(){cout<<"B"<<endl;}
8  };
9  int main()
10 { A oo1,*ptr;
11   B oo2;
12   ptr=&oo1;
13   ptr->print1();
14   ptr=&oo2;
15   ptr->print1();
16   ptr->print2();
17   return 0;
18 }
```

12. 下面程序意图把 base 和 derived 中的 fun1、fun2 函数说明为虚函数，从而利用 base 基类的指针实现动态联编。

```
1  #include<iostream>
2  using namespace std;
3  class base
4  { public:
5    virtual int fun1(int a,int b,int c)=0;
6    float fun2(int d){ }
7  };
8  class derived:public base
9  { public:
10   int fun1(int a,int b){ return 0;  }
11   virtual float fun2(int d)  {…}
12 };
```

请找出第一个错误所在的行号并说明改正错误的方法：____(24)____。
请找出第二个错误所在的行号并说明改正错误的方法：____(25)____。

三、编程题（30 分）

1．定义一个圆类（Circle），包含：

（1）私有数据成员。

① 半径（radius）；② 圆周长（circumference）；③ 面积（area）。

（2）公有成员函数。

① 带缺省参数的构造函数（以半径为参数，默认值为 0，周长和面积在构造函数中生成）；② 复制构造函数；③ 输出周长、面积的函数。

2．在下面基类 Areaclass 的基础上建立两个派生类 Box（方形类）与 Isosceles（等腰三角形类），每个派生类包含一个函数 Area()，分别用于返回长方形和等腰三角形的面积，在主函数中声明派生类的对象，并检验计算功能。

```
#include<iostream>
using namespace std;
class Areaclass
{
    public:
        Areaclass (double x=0, double y=0): height(x), width(y){ }
    protected:
        double  height, width;
};
```

参 考 答 案

一、单选题（共 20 分，每题 1 分）

1．A	2．C	3．B	4．A	5．B
6．D	7．C	8．A	9．A	10．A
11．A	12．A	13．C	14．C	15．B
16．C	17．C	18．C	19．D	20．A

二、填空题（共 50 分，每空 2 分）

（1）公有	（2）私有
（3）保护	（4）静态/编译时
（5）动态/运行时	（6）inline
（7）封装	（8）继承
（9）多态性	（10）1　2
（11）2　1	（12）（1,2）
（13）5,6	（14）（6,9）
（15）op	（16）mn
（17）n=10, k=3	（18）n=30, k=3

（19）A::print;　　　　　　　　　　　（20）x = xx;　y = yy;

（21）friend　Point　operator+（Point,Point）

（22）Point　operator+

（23）16 行，原因：基类指针对象不可以直接访问派生类中定义的成员

（24）10 行，derived 中 fun1 函数参数与 base 中 fun1 函数参数不同，故不符合要求

（25）11 行，对 fun2 函数，声明虚函数需要在基类 base 中进行，故不符合要求

三、编程题（共 30 分，每题 15 分）

1.

```cpp
#include<iostream>
using namespace std;
class Circle{
    double radius,area,circumference;
    public:
        Circle(double r=0);
        Circle(Circle &);
        void Print( );
};
Circle::Circle(double r)
{   radius=r;   area=r*r*3.14;  circumference=2*r*3.14;  }
Circle::Circle(Circle & cl)
{ radius =cl. radius;area=cl.area; circumference=cl.circumference; }
void Circle::Print( ){
    cout<<radius<<endl;
    cout<<area<<endl;
    cout<<circumference<<endl;
}
```

2.

```cpp
#include<iostream>
using namespace std;
class Areaclass{
    public:
        Areaclass(double x=0,double y=0):height(x),width(y){}
    protected:
        double height,width;
};
class Box:public Areaclass{
    public:
        Box(double x):Areaclass(x,x){}
        double Area(){return height*width;}
};
```

```cpp
class Isosceles:public Areaclass{
    public:
        Isosceles(double x,double y):Areaclass(x,y){}
        double Area(){return height*width/2;}
};
int main(void)
{
    Box Box1(10);
    Isosceles Iso1(10,5);
    cout<<Box1.Area()<<endl;
    cout<<Iso1.Area()<<endl;
    return  0;
}
```

试题9 C++语言程序设计模拟试题（Ⅳ）及参考答案

模 拟 试 题

一、单选题（20分）

1. 系统约定 C++源程序文件名的默认扩展名为（   ）。

    A．bcc   B．c++   C．cpp   D．vcc

2. 对于 C++函数，正确的叙述是（   ）。

    A．函数的定义不能嵌套，但函数的调用可以嵌套

    B．函数的定义可以嵌套，但函数的调用不能嵌套

    C．函数的定义和调用都不能嵌套

    D．函数的定义和调用都可以嵌套

3. 假设已经定义 "char *const name="chen";"，下面的语句中正确的是（   ）。

    A．name[3]='q';   B．name="lin";

    C．name=new char[5];   D．name=new char('q');

4. 下列静态数据成员的特性中，（   ）是错误的。

    A．说明静态数据成员时前面要加修饰符 static

    B．静态数据成员要在类体外进行初始化

    C．静态数据成员不是所有对象共用的

    D．引用静态数据成员时，要在其名称前加<类名>和作用域运算符

5. 设有语句 "void f(int a[10],int &x);int y[10],*py=y,n;"，则对函数 f 的正确调用语句是（   ）。

    A．f(py[10],n);   B．f(py,n);

    C．f(*py,&n);   D．f(py,&n);

6. 下列有关类和对象的说法中正确的是（   ）。

    A．对象是类的实例，为对象分配存储空间而不为类分配存储空间

    B．类与对象没有区别

    C．类与对象都要分配存储空间

    D．类是对象的实例，为类分配存储空间而不为对象分配存储空间

7. 假定 AB 为一个类，则执行 "AB a（4）, b[3],* p[2];" 语句时，自动调用该类

构造函数的次数为（　　）。

　　　A．3　　　　　　　　B．4　　　　　　　　C．6　　　　　　　　D．9

　　8．若类 X 和类 Y 的定义如下：

```
class X
{ int a,b;   public: void fx ( );};
   class Y: public X
{ int c; public: void fy ( );   };
   void Y::fy ( ) {   c=a*b; }
```

则上述代码中，（　　）是非法的语句。

　　　A．void fx();　　　　　B．c=a*b;　　　　C．void fy();　　　　D．int c;

　　9．友元的作用是（　　）。

　　　A．提高程序的运用效率　　　　　　　　　B．加强类的封装性

　　　C．实现数据的隐藏性　　　　　　　　　　D．增加成员函数的种类

　　10．下列关于成员函数特征的描述中，（　　）是正确的。

　　　A．成员函数不一定是内联函数　　　　　　B．成员函数不可以设置缺省参数值

　　　C．成员函数不可以重载　　　　　　　　　D．成员函数不可以是静态的

　　11．通常复制初始化构造函数的参数是（　　）。

　　　A．某个对象名　　　　　　　　　　　　　B．某个对象的成员名

　　　C．某个对象的指针名　　　　　　　　　　D．某个对象的引用名

　　12．面向对象方法的多态性是指（　　）。

　　　A．一个类可以派生出多个特殊类

　　　B．一个对象在不同的运行环境中可以有不同的变体

　　　C．针对一个消息，不同的对象可以以适合自身的方式加以响应

　　　D．一个对象可以由多个其他对象组合而成

　　13．在建立一个包含类对象成员的派生类对象时，自动调用构造函数的执行顺序依次为（　　）构造函数。

　　　A．自己所属类、对象成员所属类、基类

　　　B．基类、对象成员所属类、自己所属类

　　　C．对象成员所属类、基类、自己所属类

　　　D．基类、自己所属类、对象成员所属类

　　14．设类 B 是基类 A 的公有派生类，并有语句"A aa,*pa=&aa;　B bb,*pb=&bb;"，则正确的语句是（　　）。

　　　A．pb=pa;　　　　　　B．bb=aa;　　　　C．aa=bb;　　　　D．*pb=*pa;

　　15．如果一个派生类的基类不止一个，则这种继承称为（　　）。

　　　A．多层继承　　　　　B．虚继承　　　　　C．多态继承　　　　D．多重继承

　　16．下列关于运算符重载的描述（　　）是正确的。

　　　A．运算符重载可以改变运算符的操作数个数

　　B. 运算符重载可以改变运算符的优先级

　　C. 运算符重载可以改变运算符的结合性

　　D. 运算符重载允许改变运算符原来的功能

17. 下面（　　）是对虚函数的正确描述。

　　A. 虚函数不能是友元函数

　　B. 构造函数可以是虚函数

　　C. 析构函数不可以是虚函数

　　D. 虚函数可以静态成员函数

18. 假设定义了函数模板，并定义了"int i;char c;"，以下错误的调用语句是（　　）。

```
template <class T>
T max(T x,T y){ return(x>y)?x:y;}
```

　　A. max(i,i)　　　　　B. max(c,c)　　　C. max((int)c,i);　D. max(i,c)

19. 不能用友元函数重载的运算符是（　　）。

　　A. +　　　　　　　　B. --　　　　　　　C. =　　　　　　　D. >>

20. 使用"myFile.open("Sales.dat",ios::app);"语句打开文件 Sales.dat 后，则（　　）。

　　A. 使输出追加到文件尾部

　　B. 打开一个文件进行读操作

　　C. 打开一个文件进行读和写操作

　　D. 文件以二进制方式打开，默认时为文本文件

二、填空题（50 分）

1. 面向对象程序设计的基本特征有抽象、＿＿＿（1）＿＿＿、＿＿＿（2）＿＿＿和＿＿＿（3）＿＿＿。

2. 使用内联函数的优点主要有两个：一是能加快代码的执行，减少调用开销；二是能消除＿＿＿（4）＿＿＿的不安全性。

3. 引用变量与被引用变量占有＿＿＿（5）＿＿＿内存单元。

4. ＿＿＿（6）＿＿＿运算符能够用于访问当前作用域内与局部变量同名的全局变量。

5. 构造函数不能被继承，因此，派生类的构造函数必须通过调用＿＿＿（7）＿＿＿的构造函数进行初始化基类的对象。

6. 以下程序运行结果的第一行是＿＿＿（8）＿＿＿，第二行是＿＿＿（9）＿＿＿。

```
#include<iostream>
using namespace std;
int x=100;
int main(void)
{    int x=200;x+=::x; {int x=500;::x+=x;} cout<<x<<'\n';cout<<::x<<'\n'; return
0;}
```

7. 以下程序运行结果的第二行是＿＿＿（10）＿＿＿，最后一行是＿＿＿（11）＿＿＿。

```
#include<iostream>
using namespace std;
```

```
class A { public: virtual void who()  { cout<<"class A"<<endl; } };
class B: public A
{ public:  void who()  { cout<<"class B"<<endl; }};
class C: public A
{  public: void who(int c=0){ cout<<"class C"<<endl; } };
int main()
{ A a, *p;  B b;  C c;
p=&a;   p->who();   p=&b;   p->who();   p=&c;   p->who();   return 0;}
```

8. 以下程序运行结果的第一行是_____(12)_____, 第三行是_____(13)_____。

```
#include<iostream>
using namespace std;
class sample
{ int n;  static int k;
public:    sample(int i) { n=i; k++; };   void disp();};
void sample:: disp ()  { cout<<"n=" <<n <<", k=" <<k <<endl; }
int sample:: k=0;
int main ()
{ sample a(10), b (20), c(30) ; a.disp() ;b.disp();c.disp(); return0;}
```

9. 以下程序运行结果的第二行是_____(14)_____。

```
#include<iostream>
using namespace std;
void f(float x=5, int y=16, char z='C');
int main() { float a=1.6; int b=2; char c='D'; f(); f(a); f(a,b); f(a,b,c); return 0;}
void f(float x, int y, char z)
{ cout<<"x="<<x<<" y="<<y<<" z="<<z<<endl; }
```

10. 以下程序的运行结果为_____(15)_____。

```
#include<iostream>
using namespace std;
class A { public: int n; };
class B:virtual public A{};
class C:virtual public A{};
class D:public B,public C { int getn(){return B::n;} };
int main()
{ D d; d.B::n=10; d.C::n=20; cout<<d.B::n<<","<<d.C::n<<endl; return 0; }
```

11. 完善程序，使得以下定义的复数 complex 类可以通过重载运算符"+"实现复数的加法。

```
#include<iostream>
using namespace std;
class complex{ double real;   double imag;
public:
      complex(double r=0.0,double i=0.0){ real=r;imag=I;}
      complex_____(16)_____ +(complex c2);
```

```
        void display();  };
complex____(17)____:: operator +(complex c2)
{ complex c;
    c.real=____(18)____; c.imag=imag+c2.imag;
    return complex(c.real,c.imag);  };
```

12. 在下面横线处填上适当内容，完成类中成员函数的定义。

```
#include<iostream>
using namespace std;
____(19)____
class  AA { char * a;
public:
    ____(20)____              //定义无参构造函数，使 a 的值为空
    AA(char * aa)
    { a = ____(21)____;  //申请一个动态空间，该空间的大小等于
    //aa 所指的字符串所占用的空间的大小
    strcpy(a , aa);  }   //用 aa 所指字符串初始化 a 所指向的动态存储空间
    ____(22)____  };      //定义析构函数，释放 a 所指的动态存储空间
```

13. 指出下面程序段的错误行，并说明原因____(23)____。

```
1 #include<iostream>
2 using namespace std;
3 class base {
4 public:
5 void pbase() {cout<<"base"<<endl;}
6 };
7 class derive :private base
8 { public:
9    void pderive() {cout<<"dervie"<<endl;} };
10 int main()
11 {  base op1,*ptr;
12    deiver op2;
13    ptr=&op1;
14    ptr=&op2;
15     return 0;
16 }
```

14. 下面程序意图把 base 和 derived 中的 fun1、fun2 函数说明为虚函数，从而利用 base 基类的指针实现动态联编。

```
1. #include<iostream>
2. using namespace std;
3. class base
4. {  public:
5.     virtual int fun1(int a,int b,int c)=0;
6.     float fun2(int d){ }
```

```
7. };
8. class derived:public base
9. {   public:
10.     int fun1(int a,int b){   return 0;   }
11.     virtual float fun2(int d)  {…}
12. };
```

请找出第一个错误所在的行号并说明改正错误的方法：＿＿＿＿（24）＿＿＿＿。

请找出第二个错误所在的行号并说明改正错误的方法：＿＿＿＿（25）＿＿＿＿。

三、编程题（30 分）

1. 根据注释语句的提示，实现类 Date 的成员函数，并编写主函数进行测试。

```
#include <iostream.h>
class Date
{ private:       int day,month,year;
  public:
    void printDate();          //显示日期
    void setDay(int d);        //设置日期值
    void setMonth(int m);      //设置月的值
    void setYear(int y);       //设置年的值
};
```

2. 利用下面圆类为基类公有派生圆柱类，其中包括以下内容。

（1）私有数据成员：　　double height;　　//圆柱的高

（2）公有成员函数：　　构造函数;　　//初始化圆柱的高和基类圆的半径

　　　　　　　　　　　float calv();　　//计算圆柱的体积

要求在主函数中声明圆柱对象，并检验计算功能。

基类定义如下：

```
class  Circle
{ protected: float  r;                //保护数据成员，即圆的半径
public:
    Circle (float tr){r=tr;}          //构造函数
    float cals(){return 3.14*r*r;}    //计算圆的面积
};
```

参 考 答 案

一、单选题（每题 1 分，共 20 分）

1. C	2. A	3. A	4. C	5. B
6. A	7. B	8. B	9. A	10. A
11. D	12. C	13. B	14. C	15. D

16．D　　　　　17．A　　　　　18．D　　　　　19．C　　　　　20．A

二、填空题（每空 2 分，共 50 分）

（1）封装

（3）多态［（1）～（3）无顺序］

（5）相同的

（7）基类

（9）600

（11）class A

（13）n=30,k=3

（15）20,20

（17）complex

（19）#include <string.h>

（21）new char[strlen（aa）+1]

（2）继承

（4）宏定义

（6）::

（8）300

（10）class B

（12）n=10,k=3

（14）x=1.6　y=16　z='C'

（16）operator

（18）real+c2.real

（20）AA（）{a=0;}

（22）　~AA（）{delete[] a;}

（23）14 行错，基类指针对象不可以指向私有派生类的对象（或 7 行错，派生方式为私有，应该改为公有）

（24）10 行，derived 中 fun1 函数参数与 base 中 fun1 函数参数不同，故不符合要求

（25）11 行，对 fun2 函数，声明虚函数需要在基类 base 中进行，故不符合要求

三、编程题（共 30 分，每小题 15 分）

1.

```cpp
void Date::printDate()
{
    cout<<"\nDate is "<<year<<"." <<month<<"."<<day<<endl;
}
void Date::setDay(int  d)
{  day=d;  }
void Date::setMonth(int  m)
{  month=m;  }
void Date::setYear(int  y)
{  year=y;  }
void main()
{
Date testDay;
    testDay.setDay(5);
    testDay.setMonth(10);
    testDay.setYear(2003);
    testDay.printDate();
}
```

2.

```cpp
#include <iostream>
using namespace std;
 const double Pi=3.1415926;
 class  Circle
 {
   protected:
         float  r;
   public:
         Circle (float tr)
         {r=tr;}
         float cals(){return 3.14*r*r;}
 };
 class Cylinder:public Circle
 {
   double height;
   public:
         Cylinder(double r,double h):Circle(r)    {height=h;}
         float  calv( )    {return cals()*height;}
 };
int main()
{
         Cylinder obj1(5,5);
         cout<<"圆柱体的体积为: "<<obj1. calv ()<<endl;
         return 0;
}
```

反侵权盗版声明

　　电子工业出版社依法对本作品享有专有出版权。任何未经权利人书面许可，复制、销售或通过信息网络传播本作品的行为；歪曲、篡改、剽窃本作品的行为，均违反《中华人民共和国著作权法》，其行为人应承担相应的民事责任和行政责任，构成犯罪的，将被依法追究刑事责任。

　　为了维护市场秩序，保护权利人的合法权益，我社将依法查处和打击侵权盗版的单位和个人。欢迎社会各界人士积极举报侵权盗版行为，本社将奖励举报有功人员，并保证举报人的信息不被泄露。

举报电话：（010）88254396；（010）88258888

传　　真：（010）88254397

E-mail：　dbqq@phei.com.cn

通信地址：北京市万寿路 173 信箱

　　　　　电子工业出版社总编办公室

邮　　编：100036